Les dix plus belles expériences scientifiques

George Johnson

Les dix plus belles expériences scientifiques

Traduit de l'anglais (États-Unis) par Julie Lelièvre

CNRS ÉDITIONS

15, rue Malebranche – 75005 Paris

Édition originale : Alfred A. Knopf

ISBN : 978-2-271-06951-1

Sommaire

Lorsqu'Albert Einstein fut devenu un vieil homme et entreprit de rédiger un bref ouvrage de notes autobiographiques, « quelque chose comme ma propre nécrologie [1] », il se souvint du jour où son père lui avait montré une boussole. La faisant tourner dans un sens et dans l'autre, le garçon observa avec émerveillement la persistance de l'aiguille à indiquer le nord. « Je me souviens encore, ou du moins je crois me souvenir, que cette expérience fit sur moi une impression profonde et durable », écrivit Einstein. « Quelque chose de profondément caché devait se trouver derrière les choses. »

Prologue

Il y a quelques années, par une belle matinée d'hiver, j'étais en route vers la colline où se situe le St John's College, pour aller jouer avec des électrons. Peu de temps auparavant, j'avais rencontré le recteur de cette université nichée dans les superbes contreforts isolés de Santa Fe et avais été impressionné en apprenant que les étudiants, durant leurs études de lettres, devaient reproduire la fameuse expérience de 1909 au cours de laquelle Robert Millikan isola et mesura ces particules élémentaires tout en démontrant qu'il s'agissait de fragments d'électricité.

L'université St John, comme sa jumelle d'Annapolis, propose un programme classique. Le programme de physique commence en 600 av. J.-C., avec les philosophes présocratiques. C'est à cette époque que Thalès de Milet apporta la première pierre à la théorie de grande unification : « Tout est constitué d'eau. » Aujourd'hui, il travaillerait sûrement sur les supercordes.

Thalès avait également remarqué qu'une roche appelée magnétite, découverte dans le nome grec de Magnésie, exerçait une attraction invisible sur le métal et qu'en la frottant avec un morceau d'ambre, substance que les Grecs appelaient *elektron*, elle se dotait d'une charge mystérieuse et attirait les morceaux de paille et de glume. Plus de deux mille ans plus tard, William Gilbert, le médecin de la reine Elizabeth Ire, remarqua que le verre frotté avec de la soie « s'ambrisait », s'*électrifiait* (il fut le premier à employer ce terme) et que d'autres matériaux pouvaient également être animés de cette manière. Gilbert supposa que le frottement réchauffait une sorte de liquide, donnant naissance à un « effluve » poisseux et vaporeux de charge. Un chimiste français, Charles-François de Cisternay Dufay, découvrit que l'ambre frotté repoussait les objets que le verre frotté attirait. Il en conclut que l'électricité devait exister sous deux formes : « résineuse » et « vitreuse. » Les objets recelaient quelque chose de profondément caché. Millikan découvrit le moyen d'y accéder.

J'arrivai dans le laboratoire de physique situé au sous-sol d'un bâtiment de deux étages de style Pueblo doté d'une longue véranda blanche à l'avant et entouré de pins. Il n'y avait pas de cours à ce moment-là, les stores étaient tirés et les lumières baissées. À une extrémité de la pièce, le directeur du laboratoire, Hans von Briesen, assemblait des composants électroniques sur une paillasse de laboratoire en bois. L'une des coutumes de St John veut que les étudiants et les professeurs (appelés tuteurs) s'adressent les uns aux autres de manière formelle (M. von Briesen, M. Johnson) : les conversations de couloir semblent ainsi sortir tout droit du *New York Times*.

Pour cette expérience, m'expliqua M. von Briesen, Millikan avait eu l'idée d'utiliser un atomiseur de parfum pour vaporiser de minuscules gouttelettes d'huile dans un espace situé entre deux plaques de métal, l'une chargée résineusement, l'autre vitreusement. Frottées par l'air, certaines gouttes vont s'électrifier comme l'ambre de Thalès. En faisant varier la tension entre les deux plaques, il est possible de faire monter et descendre une gouttelette ou bien, en trouvant la bonne mesure, de la suspendre en l'air.

À partir de la masse de la gouttelette et de la valeur de la tension requise pour empêcher sa chute, on peut déterminer sa charge. En mesurant suffisamment de gouttelettes, il est possible de savoir si la charge, comme un fluide, peut prendre toutes les valeurs existantes ou si, comme la monnaie, elle n'existe qu'en quantités discrètes. Si la dernière supposition est vraie, la plus petite valeur constituera l'unité élémentaire de l'électricité, la charge de l'électron.

Lorsque tout fut prêt et que la pièce fut plongée dans le noir, l'expérience commença. Après plusieurs essais, M. von Briesen m'invita à jeter un coup d'œil. En regardant dans la cuve à travers un oculaire grossissant, un petit télescope, je vis les gouttelettes. Illuminées par l'arrière, elles brillaient comme une constellation ou une galaxie. Millikan lui-même les décrivait ainsi : « L'aspect de cette goutte est celui d'une étoile brillante [1]. »

La science du XXIe siècle s'est industrialisée. Les expériences si souvent célébrées dans les journaux (le séquençage du génome, la démonstration de l'existence du quark *top*, la découverte d'une nouvelle planète d'après l'analyse de l'oscillation d'une étoile éloignée) coûtent des millions de dollars. Elles génèrent des téraoctets de données qui doivent être analysées par de superordinateurs : ces usines à calcul rejettent tellement de chaleur qu'elles sont équipées de cheminées de refroidissement qui consomment autant d'énergie que des petites villes. Les expériences sont menées par des équipes de recherche de la taille d'une entreprise.

Mais, encore très récemment, les expériences scientifiques les plus stupéfiantes étaient réalisées par des individus isolés et résultaient du choc d'un seul esprit avec l'inconnu. Les grandes expériences qui ont défini les limites de notre compréhension ont le plus souvent été faites par un ou deux scientifiques, généralement à une table. Les calculs, lorsqu'il y en avait, étaient effectués à la main, ou plus tard avec une règle à calcul.

Ces expériences étaient conçues et menées avec une élégance tellement simple qu'elles méritent d'être qualifiées de belles. Beauté dans le sens classique du terme : la simplicité logique du dispositif, comme la simplicité logique de l'analyse, semble aussi pure et évidente que les lignes d'une statue grecque. La confusion et l'ambiguïté sont momentanément mises de côté et quelque chose de nouveau sur la nature est dévoilé.

En tant qu'auteur scientifique, j'ai souvent été attiré par les édifices aériens tels ceux de la mécanique quantique et de la relativité générale, qui cherchent à saisir la réalité avec un petit nombre de lois élégantes. Pour se rendre compte à quel point cette quête est devenue abstraite, il suffit de considérer la théorie des supercordes qui postule que la matière est en fin de compte générée par des fragments mathématiques vibrant dans un espace en dix dimensions. Cette recherche est fascinante mais si confuse et déroutante qu'elle me passe bien au-dessus de la tête, comme cela doit être le cas pour bien d'autres gens, et que je ressens le besoin de posséder des bases.

Le magazine *Physics World* a mené une enquête pour savoir quelles étaient, selon ses lecteurs, les plus belles de toutes les expériences[2]. D'après les résultats, une liste des dix expériences favorites a été établie, toutes issues, comme on pouvait s'y attendre, du domaine de la physique. Mais qu'arriverait-il si on élargissait la recherche ? Je décidai d'établir ma propre liste.

Le problème était de savoir par où commencer. Avec Thalès frottant de l'ambre pour créer de l'électricité statique ? Il y manquait l'élégance que je recherchais. Il n'y avait pas de contrôles, pas de tentative systématique pour savoir quels matériaux se chargent de cette manière et dans quelles conditions. Comme Gilbert le démontra, l'ambre n'était pas un cas isolé. Thalès ne marquait donc pas encore le début de la science expérimentale.

Pourquoi pas Pythagore, un autre Présocratique, qui découvrit que les notes de musique créées en pinçant une corde correspondaient à des rapports mathématiques précis ? Si la corde entière donne un do parfait, les trois quarts de la corde donneront un fa et les deux tiers un sol. Pincez la corde à moitié et vous obtiendrez à nouveau un do, une octave plus haut. Tout est nombre, déclara Pythagore, autre théorie de grande unification. Il aurait dû s'arrêter là. Mais il supposa également que le feu est constitué de vingt-quatre triangles à angle droit, entourés de quatre triangles équilatéraux, eux-mêmes constitués de six triangles. Et que l'air est composé de quarante-huit triangles et l'eau de cent-vingt. L'expérience céda la place au mysticisme.

Archimède aurait pu être un autre candidat. La légende douteuse selon laquelle il bondit hors de sa baignoire en criant « Eurêka » lorsqu'il découvrit la loi physique de la flottabilité a rendu trivial le caractère grandiose de cette découverte. Son *Traité des corps flottants* est considéré comme un chef-d'œuvre du raisonnement mathématique, et pas seulement pour la loi sur la poussée d'Archimède qui en dérive (un corps plongé dans un fluide subit une force dirigée de bas en haut dont la magnitude est égale au poids du fluide déplacé). Il comprit également, d'après des principes premiers, pourquoi un objet en forme de cône appelé paraboloïde flotte lorsqu'il est plongé dans l'eau (les icebergs, quasiment paraboloïdes se comportent à peu près selon les prévisions d'Archimède).

Cependant, son importance repose davantage sur son raisonnement que sur ses expériences. Encore un grand théoricien. Mais j'étais à la recherche de ces rares moments où une âme curieuse trouve un moyen de poser matériellement une question à l'univers et persiste jusqu'à ce que celui-ci lui réponde. Dans l'idéal, les instruments doivent également être beaux : bois poli, laiton, ébonite d'un noir brillant. Plus importante encore est la beauté de la conception et de l'exécution, la netteté des lignes de la pensée.

Pour cela, je dus faire un bond de la Grèce antique au XVIIe siècle, lorsqu'un homme nommé Galilée découvrit une loi fondamentale du mouvement. À partir de là, je procédai étape par étape, faisant neuf autres arrêts sur le chemin scientifique et à la fin, je retrouvai Millikan et ses minuscules étoiles.

Il est fort probable que les lecteurs de ce livre aient une liste tout à fait différente. « Ne devrais-tu pas plutôt l'intituler seulement *Dix belles expériences* ? » objecta l'un de mes amis. Probablement. Mais j'espère que l'arbitraire comporte une forme d'art, à la fois dans ma sélection des expériences et dans ce que j'ai choisi d'en raconter. Ceci n'est pas un livre sur les grandes découvertes dues au hasard, telles les satellites tournant autour de Jupiter découverts par Galilée ou les observations réalisées par Charles Darwin sur les pinsons. Il ne s'agissait pas là d'interrogations délibérées et contrôlées de la réalité telles que je souhaite les explorer. Ce livre n'a pas non plus vocation à être un recueil de brèves biographies de scientifiques, il en existe déjà beaucoup d'excellentes. Certaines vies, comme celles d'Antoine-Laurent Lavoisier et d'Albert Michelson, m'ont diverti par leurs détails étranges. D'autres, comme celles de Galilée et de Newton, ont déjà été trop souvent racontées. J'ai tenté d'esquisser à grands traits le portrait de chaque scientifique. Je veux que le protagoniste de ces histoires soit l'expérience et non l'expérimentateur.

Afin de conserver la fraîcheur des histoires, j'ai passé peu de temps à départager les mérites des scientifiques et à participer aux querelles d'historiens. La découverte surprenante de James Joule sur l'énergie et la chaleur fut anticipée par Robert Mayer, mais c'est Joule qui réalisa la belle expérience. J'aime ce que Lord Kelvin dit à ce propos : « Les questions de priorité personnelle, quelque intérêt qu'elles puissent présenter aux personnes qu'elles concernent, sombrent dans l'insignifiance devant l'avantage d'obtenir un plus grand éclaircissement des secrets de la nature [3]. »

Chapitre premier

Galilée
La vérité sur le mouvement des objets

Galilao Galilei, par Ottavio Leoni.

[A]utrement désagréable et dangereuse, en revanche, est assez souvent l'attitude de ces hommes qui, persuadés dans leurs études d'être les égaux de quiconque, s'aperçoivent un jour qu'ils ont tenu pour vraies des conclusions dont un autre, par un bref et facile raisonnement, révèle et établit ensuite la fausseté [1].

Salviati, dans les *Discours concernant deux sciences nouvelles* de Galilée

Lorsque vous lancez une pierre, attrapez un ballon ou sautez juste assez haut pour passer au-dessus d'une haie, la partie inconsciente, la plus ancienne du cerveau, appelée cervelet, révèle une maîtrise sans effort des lois fondamentales du mouvement. La force est égale à la masse multipliée par l'accélération. Chaque action provoque une réaction égale et opposée. Mais cette physique enracinée est isolée du cerveau supérieur, le plus récent, appelé télencéphale, siège de l'intelligence et de la conscience de soi. Une personne qui bondit avec la grâce d'un chat peut se révéler aussi incapable que lui d'expliquer la loi en carré inverse de la gravité.

Aristote, au IVe siècle av. J.-C., fit la première tentative ambitieuse pour formuler les règles du mouvement. Un objet tombe proportionnellement à son poids : plus une pierre est lourde, plus elle atteindra le sol rapidement. Pour d'autres sortes de mouvement (pousser un livre à travers une table ou une charrue à travers un champ), une force doit être appliquée de manière constante. Plus on pousse fort, plus l'objet se déplace rapidement. Si on arrête de pousser, l'objet s'arrête.

Tout cela semble extrêmement sensé et évident mais, bien sûr, est absolument faux.

Que se passe-t-il si on pose le livre sur une plaque de glace et qu'on lui donne une légère poussée ? Il continuera à avancer longtemps après que l'impulsion lui a été donnée. (Quand on leur demande pourquoi une flèche continue à avancer après avoir quitté la corde de l'arc, les aristotéliciens répondent qu'elle est poussée par la bouffée d'air entrant.) Aujourd'hui, nous savons qu'une chose mise en mouvement reste en mouvement jusqu'à ce qu'elle soit arrêtée par quelque chose d'autre ou par le frottement. Et qu'un poids d'un kilo et un poids de trois kilos lâchés simultanément retombent au sol en même temps. Galilée l'a prouvé.

On peut penser que le grand démystificateur d'Aristote (célébré dans une pièce de Bertold Brecht, dans un opéra de Philip Glass et dans une chanson pop des Indigo Girls) serait le premier à se démystifier lui-même[2]. Les historiens doutent que Galilée ait lâché deux poids du haut de la Tour de Pise. Ils ne croient pas non plus que son idée sur les pendules (chaque balancement a une durée égale) lui soit venue en observant un lustre dans la cathédrale de Pise et en le chronométrant à l'aide de son pouls.

Sa réputation de cosmologiste a également pâli après examen. Galilée était l'avocat le plus éloquent du système solaire centré sur le soleil de Copernic. Son *Dialogue sur les deux grands systèmes du monde* est le premier grand écrit scientifique de vulgarisation mais il n'accepta jamais l'intuition cruciale de Kepler sur le mouvement elliptique des planètes. Galilée pensait que les orbites étaient des cercles parfaits. Il suivait l'idée d'Aristote qui proclamait que, tandis que le mouvement sur Terre (dans le domaine « sublunaire ») doit avoir un début et une fin, le mouvement céleste est nécessairement circulaire.

Pour que cela soit vrai et corresponde à ce qui se passe dans le ciel, les planètes ne devraient pas seulement se déplacer en cercles mais en cercles dans des cercles, les mêmes vieux épicycles qui accablèrent l'univers géométrique de Ptolémée. Galilée ne s'intéressa pas à ce problème. Le plus décevant est qu'il n'a sans doute pas, comme le veut la légende, eut cet aparté célèbre après ses excuses forcées auprès des Inquisiteurs de Rome : *Eppur si muove*, « Et pourtant elle tourne ». Il ne fut pas un martyr. Conscient de sa défaite, il se retira dans la solitude d'Arcetri pour panser ses plaies.

Son travail le plus important avait été effectué bien avant ses démêlés avec le Vatican. Il n'étudiait alors rien d'aussi grandiose que les étoiles et les planètes mais le mouvement de simples objets du quotidien, sujet bien plus déroutant qu'on ne l'imagine.

Que la recherche ait ou non réellement commencé dans la Tour de Pise importe peu. Il décrit une expérience similaire dans son autre chef-d'œuvre, les *Discours concernant deux sciences nouvelles*, achevé durant ses dernières années d'exil. Comme son ouvrage précédent, il est constitué d'une longue conversation entre trois nobles italiens (Salviati, Sagredo et Simplicio) qui tentent de comprendre le fonctionnement du monde.

Salviati est l'alter ego de Galilée. Le premier jour de la réunion, il soutient que si on laisse tomber simultanément un boulet de canon de 50 kilos et une balle de mousquet de 50 grammes, ils toucheront le sol presque au même moment. Dans une expérience, il concède que l'objet le plus lourd précède le plus léger de « deux doigts » mais Salviati identifie d'autres facteurs, tels que la résistance de l'air, qui faussent les résultats. L'important est que les impacts étaient *presque* simultanés. Au moment où le boulet de canon toucha le sol, la balle de mousquet n'avait pas traversé seulement 1/100 de la distance, une simple coudée, comme le prévoyait le sens commun. « Or, derrière ces deux doigts vous voudriez cacher les quatre-vingt-dix-neuf coudées d'Aristote », les réprimanda-t-il « et, parlant seulement de ma petite erreur, passer sous silence l'énormité de l'autre[3]. » Toutes autres choses étant égales, la vitesse à laquelle un objet tombe est indépendante de son poids.

Une question plus difficile consistait à savoir ce qui arrivait entre le moment où la boule était lâchée et le moment où elle touchait le sol. Elle prend de la vitesse pendant son trajet, tout le monde le savait. Mais comment ? Y a-t-il une grande accélération du mouvement au début ou beaucoup de petites accélérations continues pendant toute la durée du trajet jusqu'au sol ?

Alors qu'on ne disposait à l'époque ni de prises de vue accélérées ni de capteurs électroniques pour chronométrer la chute d'un corps, il n'y avait rien d'autre à faire que de spéculer. Galilée avait besoin d'une expérience équivalente dans laquelle la chute serait plus lente et plus facile à observer : une boule roulant le long d'une pente douce et régulière. Ce qui était vrai pour son mouvement devrait l'être également pour une pente plus raide et pour la pente la plus raide qui soit : la verticale. Il avait trouvé un moyen de poser la question.

Cela se passait probablement en 1604. Trente ans plus tard, Galilée, ou plutôt Salviati, décrivit ainsi le dispositif de l'expérience :

> Dans une règle ou plus exactement un chevron de bois, long d'environ 12 coudées, large d'une demi-coudée et épais de 3 doigts, nous creusions un petit canal d'une largeur à peine supérieure à un doigt, et parfaitement rectiligne ; après l'avoir rendu très droit, lisse et poli et l'avoir garni d'une feuille de parchemin bien lustrée pour le rendre aussi glissant que possible, nous y laissions rouler une boule de bronze très dure, parfaitement arrondie et polie[4].

Un chevron est une pièce de bois et une coudée florentine était égale à 0,573 m. Nous pouvons donc imaginer Galilée avec un panneau de 7 m de long et 25 cm de large, reposant sur une équerre.

> Plaçant alors l'appareil dans une position inclinée, en élevant l'une de ses extrémités d'une coudée ou deux au-dessus de l'horizon, nous laissions, comme je l'ai dit, descendre la boule dans le canal, en notant, selon une manière que j'exposerai plus loin, le temps nécessaire à une descente complète : l'expérience était recommencée plusieurs fois afin de déterminer exactement la durée du temps, mais sans que nous découvrîmes jamais de différence supérieure au dixième d'un battement de pouls.

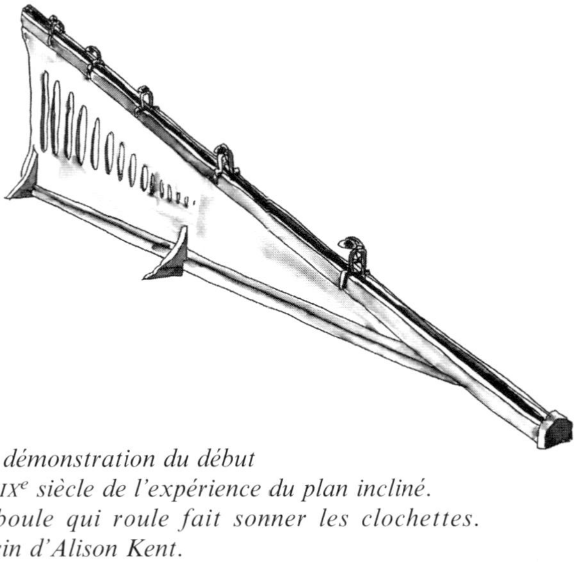

Une démonstration du début du XIXe siècle de l'expérience du plan incliné. La boule qui roule fait sonner les clochettes. Dessin d'Alison Kent.

Une fois qu'ils eurent perfectionné la technique, Salviati expliqua qu'ils chronométraient le temps que la boule mettait pour traverser un quart de la trajectoire, puis deux tiers, puis trois quarts. Ils répétèrent l'expérience en inclinant le plan selon différents angles et firent 100 mesures en tout. Les mesures furent effectuées avec un appareil simple appelé clepsydre, sorte de sablier qui compte les secondes avec du liquide à la place du sable :

> Pour mesurer le temps, nous prenions un grand seau rempli d'eau que nous attachions assez haut ; par un orifice étroit pratiqué dans son fond s'échappait un mince filet d'eau que l'on recueillait dans un petit récipient, tout le temps que la boule descendait dans le canal. Les quantités d'eau ainsi recueillies étaient à chaque fois pesées à l'aide d'une balance très sensible, et les différences et proportions entre les poids nous donnaient les différences et proportions entre les temps ; la précision était telle que, comme je l'ai dit, aucune discordance significative n'apparut jamais entre ces opérations, maintes et maintes fois répétées.

Le poids de l'eau était équivalent au passage du temps. Ingénieux. Mais peut-être, selon certains historiens modernes, un peu trop beau pour être vrai [5]. En lisant les mots de Galilée près de trois siècles plus tard, Alexandre Koyré, professeur à la Sorbonne, put à peine contenir son mépris :

> Une boule en bronze roulant dans un canal en bois « lisse et poli » ! Un récipient rempli d'eau doté d'un petit trou par lequel elle s'écoule et qu'on recueille

> dans un petit verre afin de la peser ensuite et de mesurer ainsi le temps de la descente... Quelle accumulation de sources d'erreur et d'inexactitude ! Il est évident que les expériences de Galilée n'ont pas la moindre valeur[6].

Koyré pensait qu'il n'y avait eu aucune expérience, que Galilée utilisait une démonstration imaginaire avec des boules roulantes comme technique pédagogique pour illustrer une loi de physique qu'il avait calculé mathématiquement, par pure déduction, grâce à une méthode traditionnelle. Galilée, semble-t-il, était encore démystifié.

Les écrits de Koyré datent de 1953. Vingt ans plus tard, Stillman Drake, l'un des plus grands spécialistes de la science galiléenne, étudiait les manuscrits de la Biblioteca Nazionale Centrale à Florence lorsqu'il tomba sur des pages inédites, extraites du propre carnet de Galilée[7].

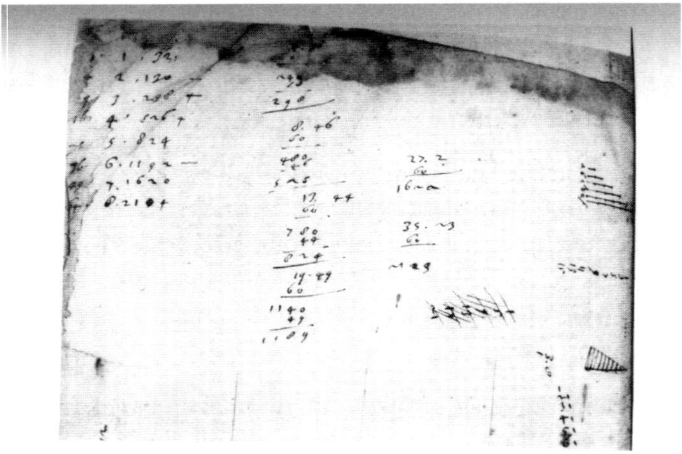

Une page du carnet de Galilée.

Galilée conservait beaucoup de papiers et lorsque ses carnets furent publiés vers le début du XXe siècle, l'éditeur, Antonio Favaro, avait laissé de côté certaines pages qui semblaient n'être que des gribouillis, un fouillis de calculs et de schémas sans queue ni tête. Les pages semblaient en désordre et rien n'indiquait à quelle date elles avaient été rédigées ni sur quoi leur auteur travaillait à ce moment-là.

Drake préparait une nouvelle traduction anglaise des *Discours concernant deux sciences nouvelles*. Au début de 1972, il resta à Florence pendant trois mois et parcourut 160 pages du 72e volume des papiers de Galilée, comparant les filigranes et les styles d'écriture, remettant les pages dans ce qui semblait un ordre sensé. Parmi les plus anciennes, il trouva ce qui se révéla être des données de l'expérience de 1604, alors que Galilée se trouvait à Padoue.

À partir des notes manuscrites, Drake recréa l'expérience vieille de plusieurs siècles et, en prenant quelque liberté, nous pouvons imaginer ce qui se passait dans l'esprit de Galilée. Il lâche la boule en haut du plan incliné en bois et note que, dans les premiers instants, elle parcourt une distance de *33 punti* ou points. (Galilée utilisait une règle divisée en soixante unités égales et un point, comme le déduisit Drake, devait faire un peu moins d'un millimètre.) Après le passage d'un intervalle de temps égal, la boule, prenant de la vitesse, couvre un total de 130 *punti*, et à la fin du troisième intervalle, un total de 298 *punti*. Puis 526, 824, 1 192, 1 620... de plus en plus vite. Il s'agit de données réelles. Pour la distance finale, lorsque la boule devait rouler à sa vitesse maximale, Galilée avait d'abord écrit 2 123 *punti*, puis rayé et remplacé ce résultat par 2 104. Près de certains nombres, il a placé un signe + ou –, indiquant apparemment que ses mesures semblaient élevées ou faibles.

Les unités de temps qu'il utilisait n'ont pas d'importance. Nous pouvons aussi bien les appeler des tics. L'important est que chaque intervalle soit égal.

1	2	3	4	5	6	7	8	tics (temps)
33	*130*	*298*	*526*	*824*	*1192*	*1620*	*2104*	*punti* (distance accumulée)

À première vue, aucun schéma ne se détache clairement. À chaque tic, la boule couvre davantage de terrain, mais selon quelle règle ? Galilée commença à jouer avec les chiffres. Peut-être la vitesse s'accroît-elle en fonction d'une progression arithmétique. Pourquoi ne pas prendre un nombre impair sur deux : 1, 5, 9, 13, 17, 21... ? Au deuxième tic, la boule avance cinq fois plus vite qu'au premier tic, couvrant 5 × 33 ou 165 *punti*. Le résultat est trop élevé mais peut-être dans la fourchette d'une erreur expérimentale. La distance couverte au troisième tic serait neuf fois plus importante : 9 × 33 = 297 *punti*. En plein dans le mille ! Et au quatrième tic 13 × 33 = 429. Trop faible. Puis 17 × 33 = 561, trop faible. Et 21 × 33 = 693, beaucoup trop faible... Drake put voir sur la page manuscrite les endroits où Galilée raya les chiffres pour réessayer.

Au premier tic, la boule avait couvert 33 *punti*, puis 130 au deuxième. Et si on divise les chiffres ? 130/33 = 3,9. La distance a été presque multipliée par quatre. Au troisième tic, l'augmentation était de 298/33, soit un peu plus de neuf fois la distance initiale. Puis 15,9 ; 25,0 ; 36,1 ; 49,1 ; 63,8. Il entoura les nombres et les nota dans une colonne en utilisant une encre et une plume différentes : 4, 9, 16, 25, 36, 49, 64.

Il avait trouvé la clé : en acceptant une marge d'erreur, la distance couverte augmente en fonction du *carré* du temps. Avec un plan plus long, on peut prévoir avec certitude qu'au prochain tic le facteur sera 81 (9^2), puis 100, 121, 144, 169... Que les nombres de Galilée ne soient pas exacts atteste de la réalité de l'expérience. Qu'ils soient aussi proches de l'exactitude atteste de ses compétences d'expérimentateur.

Dans ces calculs, les distances sont cumulatives : au quatrième tic, la boule a traversé un total de seize fois la distance couverte à la fin du premier tic. Mais quelle distance parcourt-elle pendant chaque intervalle isolé, entre les tics trois et quatre en comparaison avec les tics deux et trois ? La réponse peut être déduite arithmétiquement.

C'est la nature des carrés d'être la somme des nombres impairs qui les précèdent : $4 = 1 + 3$; $9 = 1 + 3 + 5$; $16 = 1 + 3 + 5 + 7$. Il est implicite dans la loi du carré des temps que les distances entre les tics augmentent en fonction de la progression des nombres impairs. Les données de Galilée montrent comment cela fonctionne.

1	2		4	5	tics (temps)
33	130	298	526	824	punti (distance accumulée)

130-33	298-130	526-298	824-526	punti (distance
97	168	228	298	parcourue dans
				un intervalle)

97/33	168/33	228/33	298/33	rapport des distances
2,9	5,1	6,9	9,0	

Tic après tic, la boule parcourt trois fois la distance initiale, puis cinq fois, puis sept, puis neuf. En fait, Galilée aurait pu commencer par la progression des nombres impairs et en dériver la relation des temps au carré[8]. Peu importe la manière dont il y parvint, le résultat constituait une nouvelle loi fondamentale. Plus la pente est raide, plus la boule roule vite mais toujours suivant la même règle, qui sera vraisemblablement toujours vraie si l'inclinaison est de 90 degrés, à la verticale.

À l'autre extrême, sur une pente de zéro degré, il n'y aurait aucune accélération. Une fois que la boule, ayant parcouru le plan incliné, atteint la table plate, elle commencera à rouler à une vitesse uniforme, pour toujours si le plan est infini et qu'aucun frottement n'intervient. Et si la boule en mouvement atteint le bord de la table et tombe ? Au quatrième jour triomphant des *Discours concernant les deux nouvelles sciences*, Galilée répond à cette question : le mouvement horizontal uniforme et le mouvement vertical accéléré se combinent pour produire la forme parabolique familière d'un projectile.

Restait la question de savoir comment Galilée obtint un chronométrage si précis, en travaillant avec des intervalles de moins d'une seconde. En utilisant un pot de fleurs comme clepsydre, un étudiant diplômé de l'université Cornell, Thomas B. Settle, fit rouler des boules de billard le long d'une planche en pin de 60 cm sur 1 m 80 et, une fois ses réflexes bien affûtés, il démontra la validité de la loi des temps au carré[9]. Mais lui et Drake doutaient que quelqu'un n'ayant aucune idée sur la question puisse découvrir cette relation avec un dispositif si rudimentaire. Drake supposait la technique de Galilée plus brillante et surprenante.

Il n'aurait pas été nécessaire pour Galilée, se rendit-il compte, de chronométrer le temps à la manière moderne, en secondes, demi-secondes ou toute autre mesure conventionnelle. La seule chose nécessaire était de posséder une méthode pour *diviser* le temps en parts égales et ceci est un talent naturel à tout bon musicien.

« Un chef d'orchestre qui agite sa baguette divise le temps régulièrement avec une grande précision sur de longues périodes sans penser aux secondes ni à aucune autre unité standard », écrit Drake. « Il conserve un certain battement régulier en fonction d'un rythme intérieur et peut diviser en deux ce battement encore et encore avec une précision rivalisant avec celle de n'importe quel instrument mécanique. » Il en va de même pour les musiciens et même pour le public. « Si le joueur de cymbales de l'orchestre manque son entrée d'une minuscule fraction de seconde, disons à la 64e note de la partition, tout le monde s'en apercevra, pas seulement le chef d'orchestre. [10] »

Drake suppose donc que c'est ce que fit Galilée : avant que la boule ne roule le long du plan incliné, il établit un rythme en chantant un air simple. Drake tenta l'expérience avec *Onward, Christian Soldiers* [11], à environ deux temps par seconde. En lâchant la boule en haut du plan incliné, il utilisa de la craie pour marquer sa position à chaque temps fort.

ONward CHRIStian SO-ol-DIER-rs MARCHing AS to...

Comme Drake, Galilée ne les a certainement pas tous marqués du premier coup. Mais après plusieurs tentatives, il aura certainement marqué le parcours à des intervalles d'environ une demi-seconde, notant avec une certaine satisfaction que l'espacement s'agrandit progressivement et que la boule, conformément à une loi, roule de plus en plus vite jusqu'en bas de la pente.

L'étape suivante consistait à attacher un morceau de corde d'instrument de musique à chaque marque de craie, comme les frettes mobiles sur le manche d'un luth, un instrument dont savait jouer Galilée. Drake utilisa des élastiques. Il fit rouler la boule encore et encore, l'écoutant heurter les frettes, ajustant leur placement jusqu'à ce que le rythme des cliquetis soit aussi régulier que celui d'un métronome et en rythme avec le cantique. Lorsque cela fut fait, les frettes indiquaient précisément quelle distance la boule avait parcouru pendant des intervalles de temps égaux. Il ne restait plus qu'à mesurer l'espacement avec une règle.

Une fois que Galilée eut établi cette loi, pensait Drake, il la démontra à d'autres personnes d'une manière plus simple et moins précise : en marquant la trajectoire à l'avance (1, 4, 9, 16, 25, 49, 64) et en utilisant ensuite une clepsydre pour confirmer le chronométrage. Mais il s'agissait alors d'une démonstration, non d'une expérience.

Pourquoi n'a-t-il pas écrit sur cette méthode originale ? La meilleure chose que Drake put suggérer est que Galilée craignait d'avoir l'air bête. « Même à son époque, il aurait été stupide d'écrire : "J'ai testé cette loi en chantant une chanson pendant qu'une boule roulait le long d'un plan et elle s'est avérée assez exacte." [12] » Peu de temps après, il avait déjà pris son télescope et était passé à autre chose.

Le doigt de Galilée

Aujourd'hui, plus de trois cent ans après sa mort, les visiteurs du Museo di Storia della Scienza, le musée de l'histoire de la science à Florence, peuvent voir l'un des doigts, flétri, qui ramassait la boule en métal à chaque fois qu'elle atteignait le bas du plan incliné et la replaçait en haut pour une nouvelle descente. Un admirateur vola ce doigt en même temps qu'une dent, la cinquième vertèbre lombaire et quelques autres doigts, lorsque le corps de Galilée fut exhumé, un siècle après sa mort, pour être enterré dans un meilleur lieu de sépulture. Préservé dans un reliquaire comme l'os d'un saint, le long doigt fin pointe vers le haut, comme s'il faisait signe au ciel.

Chapitre 2

William Harvey
Les mystères du cœur

William Harvey, par Willem van Bemmel.

Mais maintenant ce qui me reste à dire (et ce sont des points très dignes de considération) sur la masse du sang qui passe dans les artères, et sur son origine, est si nouveau et si peu admis, que je crains non seulement la jalousie de quelques personnes, mais l'inimitié de tous : tant il est vrai que la routine et une doctrine adoptée, profondément enracinée dans notre esprit, sont pour nous comme une seconde nature, surtout quand le respect de la grande antiquité vient s'y joindre. Néanmoins, que le sort en soit jeté ! J'ai confiance dans la loyauté des savants et dans leur amour pour la vérité [1].

William Harvey

L'embryon de poussin posé dans un récipient d'eau chaude ressemblait à un petit nuage. Sa coquille avait été soigneusement enlevée et un cœur minuscule battait à l'intérieur, un point rouge pas plus gros qu'une tête d'épingle qui disparaissait et réapparaissait à chaque battement. Des années plus tard, en 1628, un médecin londonien du nom de William Harvey décrivit le phénomène : « Ce point qui apparaissait, puis disparaissait ensuite, semblait faire flotter le principe de la vie entre l'être et le néant[2]. »

Il est probable que personne n'avait jamais étudié autant de types de cœurs différents : cœurs de chiens, cœurs de cochons, de grenouilles, de crapauds, de serpents, de poissons, d'escargots et de crabes. On trouvait dans l'océan et dans la Tamise une espèce de crevette au corps transparent. Harvey et ses amis observaient son cœur tourner « comme par une fenêtre[3] ». Parfois il ôtait complètement le cœur d'un animal, sentant que le rythme du cœur se ralentissait dans sa main au moment des derniers battements.

Observation après observation, Harvey se persuadait, sans réussir à convaincre grand monde, que le grand Claude Galien, médecin des gladiateurs et des empereurs romains, s'était trompé. Galien avait écrit, au IIe siècle ap. J.-C., qu'il existait deux sortes de sangs transportées par deux systèmes vasculaires différents. Un fluide végétatif, l'élixir de nourriture et de croissance, était fabriqué dans le foie et coulait par le réseau de veines bleues du corps. En même temps, un fluide vital rouge vif passait par un autre réseau, le cœur et les artères, activant les muscles et stimulant le mouvement. (Dans le cerveau, une partie de ce fluide vital était transformé en une essence éthérée qui coulait par les nerfs.) Tous les fluides étaient imprégnés de *pneuma*[4] invisible, des esprits qui entraient par les poumons à chaque souffle avant de passer dans le cœur par un tube épais appelé veine pulmonaire. Mille quatre cents ans plus tard, c'est encore ce qui était enseigné à l'école de médecine.

L'instruction de Harvey a sans doute commencé à Cambridge, où il entra en 1593 au Gonville and Caius College, à l'âge de seize ans[5]. L'école doit son nom au docteur John Caius, fervent disciple de Galien, qui avait mis en place une charte royale garantissant que l'école recevrait chaque année les corps de deux criminels exécutés pour les disséquer et les étudier. En plus de ses cours de rhétorique, de lettres classiques et de philosophie, Harvey eut ainsi un aperçu de l'anatomie humaine. Le sujet dut éveiller son intérêt. Après Cambridge, il se rendit à l'université de Padoue, l'école de médecine la plus prestigieuse d'Europe.

Protégée par la République de Venise, cette université se sentait plus libre que la plupart des écoles de défier le dogme du Vatican. Au moment de l'arrivée d'Harvey, Galilée y enseignait, ainsi que Jérôme Fabrice d'Acquapendente, le plus grand anatomiste d'Europe. Tous les ans, au mois d'octobre, le jour de la Saint-Luc (les corps se conservent plus longtemps par temps froid), les cours magistraux de médecine commençaient par une grand-messe, après laquelle les étudiants se perchaient dans les balcons à plusieurs niveaux du théâtre anatomique pour observer Fabrice et ses assistants, scalpels en main, leur faire faire une visite complète de l'intérieur du corps humain.

Après avoir obtenu son diplôme de docteur en médecine en 1602, Harvey retourna à Londres, où il épousa la fille de Lancelot Browne, le médecin royal. Nommé à un poste au Saint Bartholomew's, le plus vieil hôpital de la ville, il ouvrit un cabinet qui comptait pour patients sir Francis Bacon, le roi Jacques Ier et son successeur, Charles Ier.

Bien qu'Harvey ait été un homme de petite taille et peu imposant physiquement, ses yeux noirs perçants et ses cheveux de jais devaient faire une impression redoutable. L'écrivain anglais John Aubrey le décrivait comme étant contemplatif mais irascible (« Il avait coutume de dire que l'homme n'était rien d'autre qu'un grand babouin méchant ») et ayant l'habitude de porter un poignard. C'était à la mode, concédait Aubrey. « Mais ce docteur avait tendance à sortir son poignard à la moindre occasion [6]. »

L'esprit de Harvey était aiguisé comme un scalpel. Qu'il visite ses malades à l'hôpital ou donne un cours sur un cadavre au Collège royal de médecine, aucun détail de l'anatomie humaine n'était assez petit pour lui échapper. Lorsqu'un organe différait de ce qu'avait formulé Galien, Harvey suggérait diplomatiquement que les corps devaient avoir changé depuis cette époque. En privé, il reconstituait une histoire complètement différente.

Il commença avec des animaux simples, se rendant compte à sa grande consternation que leur cœur battait si vite qu'il pouvait à peine comprendre ses mouvements. Il savait qu'il existait deux sortes de battements différents : la systole, lorsque le cœur se contracte et la diastole, lorsqu'il se relâche. Mais lorsqu'il observait le processus

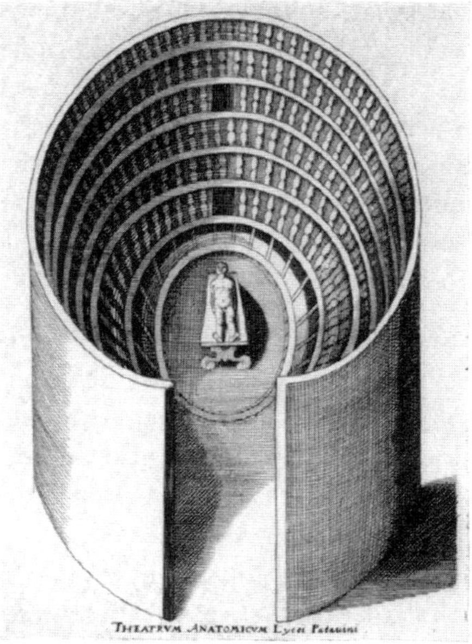

Le théâtre anatomique de Fabrice.
Vue semi-synoptique, d'après Tomasini.

in vivo, il lui semblait impossible de distinguer l'une de l'autre.

En effet la rapidité des mouvements cardiaques ne permet pas de distinguer comment se fait la systole, comment la diastole ; à quel moment, en quelle partie, il y a dilatation ou constriction. Chez beaucoup d'animaux, en un clin d'œil, comme un éclair, le cœur apparaît, puis se dérobe aussitôt à la vue, en sorte que je croyais voir ici la systole, là la

> diastole, puis des mouvements tout opposés, partout la diversité et la confusion. Mon esprit flottait incertain : je ne savais ce que je devais penser, ce que je devais accepter de l'opinion des divers auteurs, et je ne m'étonnais pas de la comparaison d'Andreas Laurentius, qui dit que le mouvement du cœur nous est aussi inconnu que le flux et le reflux de l'Euripe à Aristote[7].

Laurentius était un médecin de la Renaissance et l'Euripe est un détroit situé le long de la côte égéenne, en Grèce, où les marées montent et descendent sept fois par jour. La légende dit qu'Aristote, désespéré de ne pouvoir comprendre ces rythmes, s'est noyé dans ses eaux.

Pour qu'Harvey ait plus de succès avec les flux du cœur, il lui fallait observer le phénomène à un rythme plus lent, comme Galilée avec ses boules roulant de plus en plus vite. Chez les « animaux à sang froid », amphibiens, poissons, reptiles, crustacés et mollusques, le cœur bat beaucoup plus lentement. Il était vraisemblable que ces cœurs simples fonctionnent selon les mêmes principes que ceux des mammifères et des hommes. Une expérience après l'autre, Harvey affûta ses intuitions en prévision des cas plus difficiles à venir. Il allait en effet bientôt découvrir que, dans certaines circonstances, même le métabolisme d'un animal à sang chaud se ralentit : au cours des dernières minutes de vie, lorsque, affaibli par la vivisection, les battements de cœur de la pauvre créature deviennent de plus en plus espacés jusqu'à ce qu'il rende l'âme, le *pneuma* ou quoi que ce soit qui le maintenait en vie.

Bien qu'ayant un but et une fonction différents, les deux systèmes circulatoires de Galien se retrouvaient à quelques millimètres l'un de l'autre dans le cœur. Transporté par les veines caves supérieure et inférieure, le sang bleu, constamment généré par le foie, coulait dans et hors des chambres droites. Le sang artériel rouge coulait du côté gauche, isolé par une paroi épaisse, le *septum*. Les vaisseaux conduisaient également aux poumons, qui servaient à refroidir le sang et à transporter le *pneuma* (l'air) dans le cœur. C'est là que le *pneuma* vitalisait le sang veineux, dont une petite quantité filtrait à travers le *septum* par des pores invisibles dans les canaux artériels.

Une partie de cette description avait déjà été mise en cause. Le médecin flamand André Vésale, dans *Concerning the Fabric of the Human Body (À propos de la structure du corps humain)*, publié pour la première fois en 1543 (la même année que la théorie de Copernic sur l'héliocentrisme), démentait le fait que le sang puisse s'infiltrer à travers la paroi de séparation du cœur. Même en observant le plus attentivement possible, il ne put trouver le moindre pore. Il était arrivé à la bonne conclusion pour une mauvaise raison. Nous savons aujourd'hui que les tissus organiques sont criblés d'ouvertures microscopiques. C'est Harvey qui fit que le sujet en resta là : en ouvrant soigneusement un cœur de bœuf, il versa de l'eau dans la partie droite et nota que rien ne filtrait à gauche.

Les disciples de Galien enseignaient également que les deux sortes de sang (veineux et artériel) se mouvaient comme les flux des marées, en arrière et en avant à travers les deux systèmes. Les vaisseaux, animés de l'esprit vital, se dilataient tous d'un coup, pompant le sang. Lorsqu'ils se contractaient, le sang coulait dans l'autre sens. Le cœur suivait le mouvement, se dilatant et se contractant comme un soufflet.

Mais ce n'est pas ce qu'Harvey observait. Lorsque le cœur se contractait, au moment du battement systolique, comme une main se serrant pour devenir un poing, il palissait comme si le sang s'était retiré. Lorsqu'il se dilatait, au moment de la diastole, il redevenait rouge, lorsque le sang revenait à l'intérieur. Galien avait compris à l'envers. C'est la poussée de la contraction et non la traction de la dilatation qui fait se déplacer le sang. Si on coupe l'artère d'un mammifère vivant, le sang jaillit « à plein jet et avec impétuosité, comme d'un siphon[8] ».

Si le cœur était une pompe, raisonnait Harvey, il devrait pouvoir comprendre son fonctionnement. Les anatomistes savaient déjà qu'il est divisé en quatre chambres. En haut se trouvent les oreillettes gauche et droite et en dessous, les ventricules gauche et droit. Un jour, au cours d'une dissection, Harvey plaça un doigt sur le ventricule gauche. Il se dilata, se remplissant de sang, en même temps que l'oreillette gauche située au-dessus se contractait. Puis, un instant après, le ventricule lui-même se contracta, poussant le sang hors de la chambre, dans les artères. Les mêmes mouvements se produisirent du côté droit. Galien s'était encore trompé. Le sang était pompé non de la droite vers la gauche mais de haut en bas. Harvey écrivit : « Ces deux mouvements, l'un pour les oreillettes, l'autre pour les ventricules, se suivent si bien en conservant leur harmonie et leur rythme, qu'il semble n'y en avoir qu'un. »

Il compara le mouvement à celui d'une machine : « de la même manière que dans les machines mises en mouvement par une roue on voit tout se mouvoir à la fois. » Il

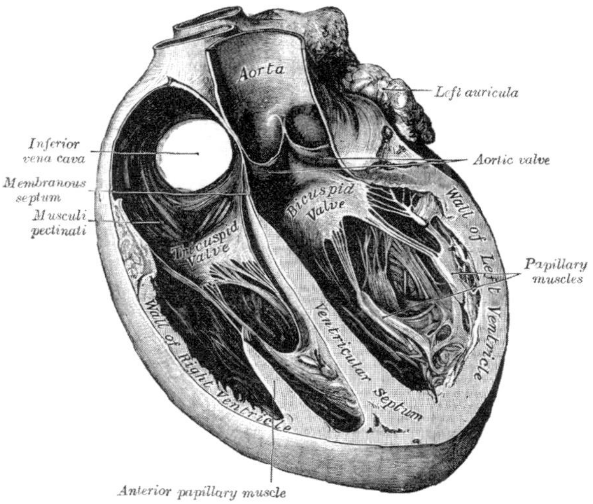

Section transversale d'un cœur humain.

savait que certains de ses lecteurs seraient offensés par cette description mécanique. Mais ce n'était pas son intention.

> Mais le cœur donne-t-il au sang, outre ce mouvement, ce passage et cette distribution aux différentes parties du corps, quelque chose de plus, à savoir de la chaleur, des esprits vitaux ou un autre élément de perfectionnement ? C'est ce que nous rechercherons plus tard en recueillant de nouvelles observations[9].

Il pensait que le corps contenait plus que des processus physiques, que le cœur était « le soleil du microcosme » et le sang, une substance spirituelle, « l'instrument du paradis[10] ». Mais cela ne signifiait pas que ses mouvements ne pouvaient être étudiés de manière systématique.

Les citations sont tirées du chef-d'œuvre de Harvey, *Étude anatomique des mouvements du cœur et du sang chez les animaux*. Bien qu'un peu répétitif, ce court ouvrage, publié en 1628 après deux décennies de recherche, constitue encore une bonne lecture. Avec la ténacité d'un procureur plaidant une affaire, Harvey rassemble ses preuves une par une. Nous pouvons l'imaginer au tribunal, brandissant son poignard d'apparat et s'adressant au jury.

Il demande d'abord à l'audience de considérer le système artériel. Il était maintenant clair d'après ses expériences que la fonction du côté gauche du cœur est de pomper le sang à travers les artères, qui le transportent vers les extrémités du corps. Il était également clair que contrairement aux marées, il s'agit d'un flux à sens unique : des valvules situées entre le ventricule gauche et l'aorte empêchent le sang de couler dans l'autre sens.

Considérons ensuite le système veineux. On savait depuis longtemps que les veines des jambes et des bras disposaient de leurs propres valvules intégrées. Le professeur de Harvey à Padoue, le grand anatomiste Fabrice, avait découvert ces *ostiola* ou « petites portes », mais pensait qu'elles servaient seulement à ralentir le sang et à empêcher un engorgement. Harvey découvrit la vérité en insérant une longue sonde dans un vaisseau et en la poussant dans la direction qui s'éloigne du cœur. Le mouvement rencontra une résistance. Mais, lorsqu'il la poussa dans l'autre sens, la sonde glissa facilement. Les veines sont des avenues à sens unique. Le sang artériel est poussé hors du cœur vers le corps. Le sang veineux coule du corps vers le cœur.

Considérons enfin comment le sang veineux peut passer des chambres droites, où il a été reçu, vers la gauche.

Harvey avait déjà établi que le flux ne passait pas par le septum. Cela ne laissait qu'une seule voie possible : l'artère pulmonaire connectant le ventricule droit aux poumons. Ce n'était pas de l'air qui passait le long des vaisseaux mais du sang qui coule dans l'autre sens. Diffusé d'une manière ou d'une autre à travers les tissus spongieux des poumons, le fluide sort par la veine pulmonaire, qui mène à l'oreillette gauche du cœur. La conclusion était indéniable : le côté droit du cœur pompe le sang vers les poumons, le côté gauche pompe le sang vers le corps.

Harvey n'était pas le premier à supposer à cela. Au siècle précédent, un théologien et médecin espagnol, Michel Servet, avait émis des suppositions sur la circulation pulmonaire dans un pamphlet religieux : « De même que par l'air Dieu fait rougir le sang, de même le Christ fait rayonner l'esprit[11]. » (Ces arguments anatomiques faisaient partie d'une attaque contre la Trinité et il fut finalement brûlé vif par les protestants.) En reprenant ce thème, Realdus Colombus, un assistant de Vésale, nota que le fluide revenant des poumons était rouge vif, suggérant que la vitalisation s'effectuait dans les poumons et non dans le cœur. Il restait à Harvey à se poser une question cruciale : si le côté droit du cœur pompe le sang vers les poumons et dans le côté gauche du cœur, et si le côté gauche le pompe ensuite vers les artères...alors qu'arrive-t-il à tout le sang artériel lorsqu'il atteint sa destination et d'où vient l'approvisionnement continu en sang veineux ?

Les disciples de Galien avaient une réponse : les deux sortes de sang étaient constamment créées à partir de l'ingestion de nourriture et consommées dans la croissance et la locomotion du corps. Harvey décida de faire le calcul[12]. Dans ses dissections, il avait découvert que le ventricule gauche peut contenir deux onces [13] de sang ou plus, dont seulement une partie (disons, une demi-once) est expulsée à chaque battement. En exactement mille battements de cœur (quinze minutes pour une personne moyenne), cela ferait presque quatre pintes [14], beaucoup plus de sang que le volume présent dans le corps entier. En faisant le calcul en poids au lieu de le faire en volume, le cœur pourrait pomper bien plus d'une tonne de sang par jour. Cela nécessiterait de manger beaucoup. Et de faire beaucoup d'exercice.

C'est ainsi que lui vint l'hypothèse radicale : lorsque le sang pompé par le côté gauche du cœur atteint les extrémités des artères, il est récupéré par les veines et retourne du côté droit du cœur. Le sang, en d'autres termes, se déplace en cercle. Il *circule*.

Il conclut l'affaire par une belle expérience.

> Si on ouvre un serpent vivant, on voit pendant plus d'une heure le cœur se contracter lentement, distinctement, et dans ses alternatives de raccourcissement et d'allongement, s'agiter comme un véritable ver, blanchir dans la systole, rougir dans la diastole [15].

Lorsqu'on pince la veine principale, la veine cave, avec des pinces ou entre le pouce et l'index, juste avant qu'elle entre dans le cœur, la partie qui se trouve après l'obstruction se vide rapidement de son sang. Le cœur blanchit et diminue, battant plus lentement et « paraît [...] finalement mourir. » Lorsqu'on desserre la veine, le cœur se remplit de sang et revient à la vie.

Si on pince ou lie ensuite l'artère principale juste après qu'elle quitte le cœur, « le cœur est distendu violemment, et il prend une couleur pourpre : il est si gorgé de sang qu'il semble sur le point d'étouffer. » À nouveau, lorsque le lien est retiré, le cœur redevient normal.

L'affaire était close ou aurait dû l'être.

Il reviendra à d'autres de révéler avec un microscope les minuscules capillaires qui, aux extrémités du corps, connectent les artères aux veines et d'expliquer le processus osmotique qui fait passer le sang à travers la séparation. En attendant, Harvey proposa aux sceptiques un moyen de confirmer sa théorie par eux-mêmes. Il faut pour cela placer un bandage serré sur le haut du bras. Au-dessus du bandage, du côté qui va vers le cœur, l'artère va battre et se dilater. En dessous, vers la main, il n'y aura pas de battement. En même temps, les veines de l'avant-bras vont se remplir du sang piégé, alors que celles qui sont au-dessus se ramollissent. Si on desserre légèrement le bandage afin qu'il reste assez serré pour bloquer les veines mais pas les artères, on sent alors la folle ruée de sang qui revient vers la main.

Malgré tout, presque personne ne le croyait. Des années plus tard, il défendait toujours sa théorie contre « tous ces contempteurs, ces pitres dont les écrits sordides pullulent d'outrages ». Ils le harcelaient comme des chiens aboyant, se lamentait-il, « mais on doit se mettre en garde contre leurs morsures et empêcher que leur rage malsaine et leurs dents venimeuses ne détruisent les fondements de la vérité [16] ».

En 1642, lorsque la guerre civile éclata en Angleterre, Harvey, du fait de ses liens avec le roi, se retrouva du côté des perdants. Sa maison fut pillée et la plupart de ses documents scientifiques détruits. Il survécut à la tourmente, contrairement à son roi et mourut quinze ans plus tard, en homme riche. « Mais il disait souvent

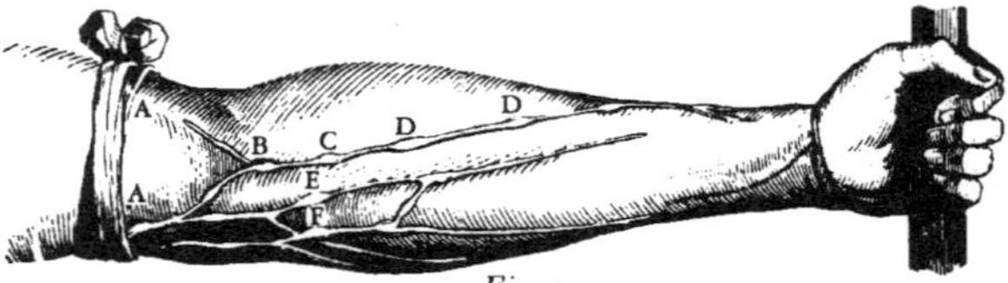

Fig. 1

Fig. 2

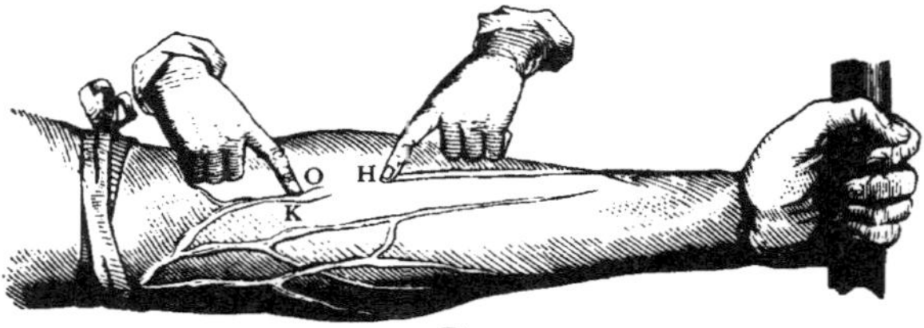

Fig. 3

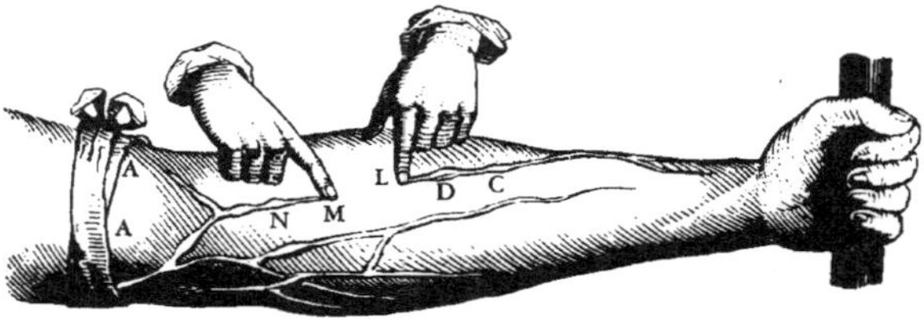

Fig. 4

Vaisseaux sanguins, in Des mouvements du cœur.

que de toutes les pertes qu'il éprouva », se rappelait son ami Aubrey, « aucune peine ne fut aussi douloureuse pour lui que la perte de ces papiers que ni l'argent ni l'amour ne purent jamais lui rendre[17]. »

Chapitre 3

Isaac Newton
Ce qu'est une couleur

Isaac Newton, par Sir Godfrey Kneller, 1689.

La vérité est que la Science de la Nature s'est trop longtemps contentée de faire travailler le *Cerveau* et l'*Imagination* : il est maintenant grand temps qu'elle retourne à la simplicité et à la sagesse des *Observations* de choses *matérielles* et *évidentes*.

Robert Hooke, *Micrographia*, préface.

Lorsque vous pénétrez le tombeau d'Isaac Newton, votre regard est attiré vers le haut par les vastes espaces galbés du plafond aux voûtes en marbre et les massives colonnes portantes qui l'empêchent de succomber à la gravité. Le silence pèse aussi lourd, rompu seulement par l'écho de vos pas montant les marches vers l'urne du scientifique.

C'est là que vous remarquerez le rayon lumineux. Pénétrant par un trou minuscule, six mètres environ au-dessus du sol, il tombe selon une certaine inclinaison et ricoche sur un miroir supporté par un pied richement orné. De là, il traverse la salle, passe à travers un prisme et se transforme en l'arpège familier qui se manifeste dans la nature : rouge, orange, jaune, vert, bleu, indigo, violet.

Ce panthéon n'existe que dans un tableau, *Monument allégorique à Sir Isaac Newton*, que l'artiste vénitien Giovanni Battista Pittoni termina en 1729, peu après la mort de Newton (en réalité enterré à l'abbaye de Westminster). Il s'agit d'une sorte de rupture pour Pittoni, plus célèbre pour ses thèmes religieux et mythologiques *(La sainte Famille, Le sacrifice de Polyxène)*. Mais ce tableau a autre chose d'inhabituel.

Newton est devenu célèbre (en même temps que Leibniz) pour son invention du calcul, la « méthode des fluxions », qui donna un sens à un concept qui avait échappé à Galilée : comment un objet qui accélère devient plus rapide de manière infinitésimale durant chacun d'une infinité de moments infinitésimaux. Dans son dernier ouvrage triomphal, les *Principes mathématiques*, il décrivit les mouvements des cieux et montra que la même gravité qui fait tomber une pomme maintient les planètes autour du soleil. Mais le tableau de Pittoni célébrait autre chose,

Monument allégorique à Isaac Newton,
de Giovanni Battista Pittoni.

non pas Newton le théoricien formulant des lois mais Newton l'expérimentateur.

En 1665, il venait à peine de terminer ses études et d'obtenir son diplôme au Trinity College de Cambridge, lorsque la Grande Peste de Londres le força à s'exiler à la campagne. Coincé à la ferme familiale de Woolsthorpe, il s'enferma dans son bureau, élaborant des idées sur les mathématiques et le mouvement et étudiant les particularités de la couleur et de la lumière.

Platon et certains Présocratiques croyaient que les rayons lumineux émanaient des yeux, balayant le monde comme des projecteurs. Aristote, qui rejeta cette idée, enseignait que les couleurs étaient un mélange de lumière et d'obscurité. Le jaune, après tout, est presque du blanc et le bleu presque noir. À l'époque de Newton, une représentation plus claire était en train d'émerger et les philosophes développaient une science précise de l'optique [1].

Lorsque la lumière tombe sur un miroir, avaient-ils appris, l'angle d'incidence est égal à l'angle de réflexion. Et lorsqu'elle passe par un matériau transparent et retourne dans l'air, elle est réfractée, c'est pourquoi votre jambe a l'air cassée quand vous marchez dans une flaque d'eau. Le degré de réfraction peut être prédit par ce qu'on appellera plus tard les lois de Snell-Descartes. En étudiant les arcs-en-ciel, René Descartes, le philosophe et scientifique français, observa une gouttelette géante, une sphère en verre remplie d'eau [2] et étudia les couleurs à l'intérieur, semblables à celles qui apparaissent quand les bulles de savon, les éclats de mica, les écailles de poisson et les ailes des insectes miroitent au soleil. En 1637, dans un essai intitulé *Dioptrique*, il tenta d'expliquer l'origine de la couleur, en supposant qu'elle était produite par des globules d'éther tournoyant : plus la rotation est rapide, plus la lumière est rouge.

Mais personne ne savait vraiment. D'une manière ou d'une autre, la lumière blanche et pure se teintait lors de sa collision avec la matière, lorsqu'elle rebondissait sur un objet coloré ou passait à travers un liquide ou un morceau de verre teinté. Une génération après Descartes, trois des plus grands scientifiques européens, Christian Huygens, Robert Boyle et Robert Hooke, en étaient encore à émettre des théories. Ils n'avaient aucune raison de connaître Isaac Newton. Hooke en particulier souhaitera n'avoir jamais entendu ce nom.

Hooke, une sorte de troll voûté, était si célèbre pour ses élégantes manipulations de la nature qu'il fut le premier responsable des expériences de la Société royale de Londres, qui commençait à émerger en tant que laboratoire de la révolution scientifique. Il était l'un des premiers grands spécialistes de la microscopie et produisit des dessins méticuleux (une puce et un pou grossis qui ressemblaient à des monstres, des moisissures aussi extravagantes que les fleurs d'une forêt tropicale) qui remplissaient les pages de son célèbre ouvrage *Micrographia*. En fixant sa lentille sur un morceau de liège, il explora le labyrinthe des chambres vides et fut le premier à les appeler cellules. Inventeur ingénieux, il conçut une pompe à air et aida Boyle à découvrir la relation inverse entre le volume et la pression d'un gaz, la loi de Boyle-Mariotte. Il existe également une loi de Hooke, qui décrit précisément la nature de l'élasticité : l'allongement d'un objet solide est proportionnel à la force appliquée. Ou bien, comme Hooke lui-même l'exprima, « ceiinosssttuv », anagramme de *Ut tensio sic vis*, « telle extension, telle force. » (Pour avoir la priorité et éviter le vol de propriété intellectuelle, il publia d'abord la loi sous la forme de l'anagramme latine.)

Hooke était certain d'avoir également compris la couleur et la lumière. Le blanc était fondamental et les couleurs, des aberrations : « Le bleu est une impression sur la rétine d'une pulsation de lumière oblique et vague, dont la partie la plus faible précède et la partie la plus forte suit », écrivit-il de manière obscure. Le rouge était le contraire, une pulsation déformée « dont la partie la plus forte précède et la partie la plus faible suit[3] ». Le rouge et le bleu pouvaient être mélangés et dilués pour former des teintes bâtardes. Huygens et Boyle avaient

Vue sous un microscope, « une petite tache blanche de moisissure duveteuse », Robert Hooke, Micrographia.

leurs propres théories mais elles avaient le même fondement : la couleur est une lumière teintée.

En reprenant du début, Newton examina attentivement ce que les autres avaient trouvé avant lui et ajouta ses propres observations[4]. Un morceau de feuille d'or, assez fin pour être presque transparent, réfléchit une lumière jaune. Mais en le tenant « entre votre œil et la bougie », nota-t-il, la lumière qui passe au travers est bleue. L'effet opposé peut être obtenu grâce à un bois appelé *lignum nephriticum*, vendu par les pharmaciens pour soigner les reins. Une fois coupé en petits morceaux et infusé dans de l'eau, on obtenait une liqueur qui « (observée à travers une fiole transparente) réfléchit des rayons bleus et transmet des rayons jaunes ». C'est également vrai pour certains morceaux de verre plat : ils « apparaissent d'une certaine couleur quand on les regarde d'en haut et d'une autre couleur quand on regarde à travers. » Mais il s'agissait d'aberrations. « Généralement les corps qui apparaissent d'une couleur à l'œil apparaissent de la même couleur dans toutes les positions.[5] »

Mis à l'écart par la peste, il étudia le monde avec les yeux d'un aveugle qui recouvre soudain la vue[6]. Les substances sombres ou translucides broyées en poudre ou coupées avec un couteau prennent un aspect plus clair, le broyage crée une « multitude de surfaces réfléchissantes » qui n'existaient pas auparavant. Au contraire, les substances trempées dans l'eau deviennent plus sombres « car l'eau remplit les pores réfléchissants[7] ».

Il utilisa également des plaques de verre, posant une lentille plate sur une lentille dotée d'une courbe légèrement sphérique. En braquant un rayon lumineux sur la surface, il observa un fascinant motif de tourbillons colorés : les anneaux de Newton. « Selon que les verres sont pressés plus ou moins forts l'un contre l'autre, les cercles colorés deviennent plus ou moins grands. Lorsqu'on les presse de plus en plus l'un contre l'autre, de nouveaux cercles apparaissent au milieu[8]. » Il installa ce dispositif dans une chambre noire et l'exposa à un rayon bleu émis par un prisme. Cette fois, il vit une cible monochromatique de cercles sombres et lumineux. La lumière rouge produisit un motif similaire.

Hooke avait déjà décrit ce phénomène d'interférence dans *Micrographia*, mais Newton l'étudia plus en profondeur et se l'appropria.

Son intérêt tournant à l'obsession, il fit même des expériences sur ses propres yeux, en prenant une sonde fine et émoussée, qu'il appelle une pointe, il l'insère prudemment « entre [s]on œil et l'os aussi près que possible de l'arrière de [s]on œil. » Pressant et frottant l'instrument contre son globe oculaire, il vit « plusieurs cercles blancs, sombres et colorés ». Lorsqu'il répéta l'expérience à la lumière du jour, les yeux presque clos, « un grand et large cercle sombre et bleuté apparut » avec une tache plus petite et plus lumineuse à l'intérieur. Lorsqu'il pressait assez fort, dans ce cercle apparaissait

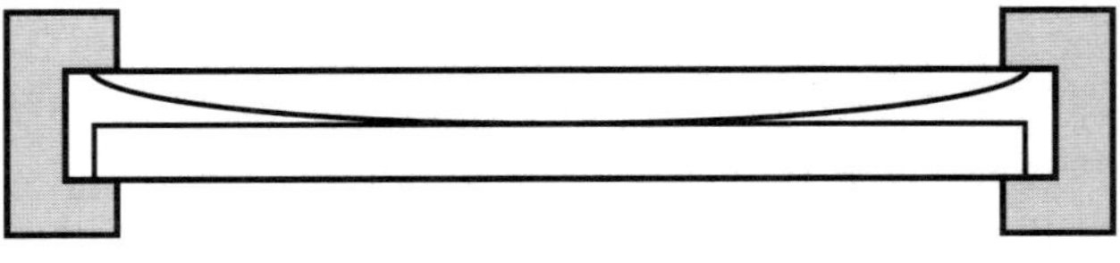

Lentilles superposées utilisées pour montrer les anneaux de Newton.

un autre petit cercle bleu. Lorsqu'il effectue l'expérience dans l'obscurité, l'effet obtenu est différent : « un cercle de lumière rougeâtre apparaît », qui entoure un cercle intérieur « d'un bleu sombre[9] ».

Parfois, en pressant doucement autour de son orbite, il percevait des distinctions encore plus fines : une cible d'anneaux colorés « depuis le centre : vert, bleu, violet, violet foncé, bleu, vert, jaune, rouge comme une flamme, jaune, vert, bleu, un large violet, noir ». En regardant le Soleil ou son reflet, il nota que l'image consécutive était rouge, « mais si j'allais dans une chambre noire, l'image disparaissait[10] ».

De la physique il faisait parfois un détour par l'anatomie. Depuis chaque œil, apprit-il dans ses lectures, les vibrations visuelles passent par les nerfs optiques, « une vaste multitude de tuyaux étroits », et vont jusqu'au cerveau. En disséquant les tissus autour d'un œil (celui d'un animal, Dieu merci, pas le sien), il tenta de déterminer la nature de la substance qui transporte les images. « L'eau est trop rudimentaire pour des impressions aussi subtiles », conclut-il. Une meilleure possibilité semblait être celle des « esprits animaux » dont les disciples de Galien disaient qu'ils soufflaient à travers le système nerveux. Newton exclut cette hypothèse grâce à une expérience :

> Je liai un morceau du nerf optique à une extrémité et le réchauffai au milieu pour voir si une substance aérée se révélerait par ce moyen sous forme de bulles à l'autre extrémité mais je ne vis pas la moindre bulle ; seulement un peu d'humidité et la moelle elle-même sortirent[11].

Si tout s'était terminé ainsi, à attendre que les esprits de la vision viennent faire des bulles au bout des tubules

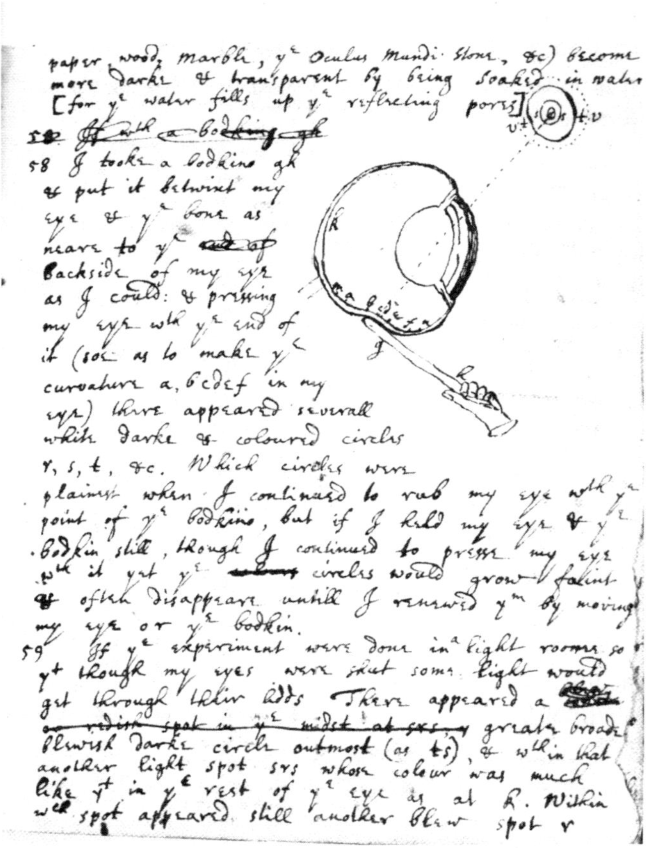

paper, wood, marble, ye Oculus Mundi Stone, &c) become more darke & transparent by being soaked in water [for ye water fills up ye reflecting pores]

~~57 If wth a bodking gh~~

58 I tooke a bodkine gh & put it betwixt my eye & ye bone as neare to ye ~~end of~~ backside of my eye as I could: & pressing my eye wth ye end of it (soe as to make ye curvature a, bcdef in my eye) there appeared severall white darke & coloured circles r, s, t, &c. Which circles were plainest when I continued to rub my eye wth ye point of ye bodkine, but if I held my eye & ye bodkin still, though I continued to presse my eye wth it yet ye ~~circles~~ circles would grow faint & often disappeare untill I renewed ym by moving my eye or ye bodkin.

59 If ye experiment were done in a light roome so yt though my eyes were shut some light would get through their lidds There appeared a ~~[illegible] or reddish spot in ye midst at srs~~ greate broade blewish darke circle outmost (as ts), & wthin that another light spot srs whose colour was much like yt in ye rest of ye eye as at k. Within wch spot appeared still another blew spot r

L'expérience de Newton sur son propre œil : une page de ses carnets.

optiques, Newton serait resté un autre génie du XVIIe siècle déconcerté et tourmenté par la lumière. Mais un jour, au beau milieu de ses recherches, il fut captivé par une bizarrerie impliquant des prismes. Si on trace une ligne, à moitié bleue et à moitié d'un « beau rouge intense » sur une feuille de papier noir, le prisme la fera apparaître déformée : « cassée en deux entre les couleurs.[12] » La même chose arrive avec des fils bleu et rouge. L'un est décalé par rapport à l'autre. Mais pourquoi les couleurs sont-elles traitées différemment par le verre ?

Un jour, par curiosité, il découpa un petit trou circulaire d'environ 60 mm dans le volet de sa fenêtre. Tenant un prisme sur le chemin étroit du rayon de soleil, il projeta un spectre sur le mur éloigné de la chambre plongée dans l'obscurité[13].

« Ce fut d'abord un agréable divertissement de contempler ces couleurs vives et intenses[14] », rapporta-t-il : des bleus devenant des verts, puis des jaunes devenant des oranges et des rouges. Mais plus que l'aspect familier du spectre, c'est sa forme qui était importante. Il n'était pas circulaire comme le trou dans le volet ou l'image du Soleil, mais rectangulaire : 35 cm de long et 7 cm de large. C'était « une disproportion si extravagante que cela excita chez moi une extraordinaire curiosité qui me poussa à rechercher d'où cela provenait ».

Quelque chose provoquait ce déploiement des couleurs. Newton doutait que l'effet puisse provenir d'un artefact, quelque obscure convergence d'effets fortuits. Mais cette possibilité dut être écartée. Il tenta de tenir un prisme dans différentes positions afin que la lumière passe « par des parties de verre de différentes épaisseurs. » Il découpa des trous dans le store de « différentes tailles. » Il tenta de mettre le prisme à l'extérieur de la fenêtre afin que le soleil le touche avant de passer par le trou. Rien n'y fit. « L'agencement des couleurs était le même dans tous ces cas. »

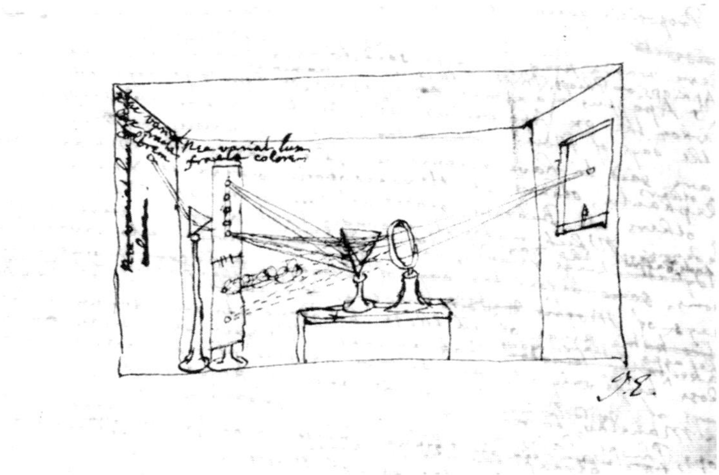

Dessin de Newton de son Experimentum Crucis.

Ayant réfracté la lumière du soleil avec un prisme, il découvrit qu'il pouvait faire passer les couleurs par un second prisme et qu'elles se recombinaient. Le second prisme défaisait ce que le premier avait fait, projetant un cercle de lumière incolore sur le mur. Les couleurs n'avaient donc pas été ajoutées par le prisme. Elles avaient toujours été présentes dans le rayon lumineux.

Une multitude d'expériences semblables le menèrent à sa surprenante conclusion [15]. Au moment où il fut prêt pour ce qu'il appela son *Experimentum Crucis* (empruntant le terme à Hooke), il savait probablement ce qu'il allait découvrir. Mais cela ne nuit en rien au côté spectaculaire de l'expérience. Comme avant, le rayon lumineux arrivait par la fenêtre, passait par un prisme et traversait la chambre, mais cette fois-ci il projetait son spectre sur un panneau en bois. Newton avait percé un trou à l'extrémité du panneau et, en tenant son prisme de manière appropriée, il put faire passer les couleurs par l'ouverture une par une. De là, elles entraient dans un second prisme avant de projeter une image sur le mur.

Ce qu'il vit ce jour-là changea pour toujours notre conception de la lumière. En commençant à l'extrémité rouge du spectre et en progressant vers le bleu, chaque couleur était un peu plus réfractée, ce qui constituait un développement de ce qui avait déjà été évoqué par les fils colorés : « les rayons bleus subissent une réfraction plus importante que les rouges [16]. » Cela expliquait la forme rectangulaire. Si toutes les couleurs étaient réfractées de manière égale, le spectre serait une tache ronde. Mais la lumière, comme l'expliqua Newton, « consiste en des rayons de différentes réfrangibilités [17] ».

Le terme réfrangible signifie « qui peut être réfracté », les deux mots proviennent de la même racine latine, et Newton avait découvert rien de moins que ce qu'est une couleur : un rayon de lumière prodigieusement disposé à être réfracté d'une certaine manière. « Le même degré de réfrangibilité appartient toujours à la même couleur et la même couleur appartient toujours au même degré de réfrangibilité [18] », écrivit-il. La couleur *est* la réfrangibilité.

Et il y avait plus encore. Une fois qu'une couleur était séparée du reste, elle ne pouvait plus être modifiée, malgré tous ses efforts.

> Je l'ai réfractée avec des prismes et réfléchie avec des corps qui étaient d'autres couleurs à la lumière du jour ; je l'ai interceptée avec le film coloré de l'air

> intercalé entre deux plaques de verre compressées, je l'ai transmise par des matériaux colorés et des matériaux irradiés avec d'autres sortes de rayons, je l'ai interrompue de diverses manières mais n'ai pu produire aucune nouvelle couleur à partir de celle-ci. La contraction ou la dilatation la rendent plus vive ou plus faible et la perte de nombreux rayons dans certains cas la rend obscure et sombre mais je ne pus jamais la voir changer d'espèce[19].

Si un rayon est composé de plus d'une couleur, jaune orangé, vert jaunâtre, il peut être divisé encore une fois par le prisme mais à un moment, on finit par arriver aux composants fondamentaux de la lumière. « Les couleurs ne sont pas des qualifications de la lumière dérivées des réfractions ou des réflexions de corps naturels comme on le croit généralement mais des propriétés originales et connexes. »

C'est la lumière blanche qui est bâtarde, elle n'est pas simplement une autre couleur mais une combinaison de toutes les couleurs, un « mélange hétérogène de rayons différemment réfrangibles. » Lorsque le Soleil brille, il ne fait pas ressortir le rouge de la pomme, le vert de la feuille. La pomme et la feuille tirent leurs couleurs de la lumière du soleil.

Descartes pensait également que les couleurs n'étaient pas inhérentes aux objets mais plutôt des manifestations de la manière dont ils affectaient la lumière. Maintenant Newton savait pourquoi. Le monde est coloré parce qu'il est composé de corps « diversement qualifiés pour réfléchir une sorte de lumière en plus grande abondance qu'une autre. »

Au début du mois de septembre 1666, le Grand Incendie de Londres détruisit une grande partie de la ville, tuant les rats et accélérant la fin de la peste. Mettant de côté l'optique et ses autres travaux scientifiques, Robert Hooke travailla avec Christopher Wren à reconstruire la ville. Newton retourna vivre à Cambridge, où il obtint un poste de professeur lucasien de mathématiques et donna des cours magistraux sur la couleur et la lumière. Il impressionna les membres de la Société royale en inventant un télescope réfléchissant de 15 cm de long plus puissant qu'un télescope conventionnel dix fois plus grand. En 1672, six ans après ses expériences, ils publièrent son article « New Theory About Light and Colors » (Nouvelle théorie sur la lumière et les couleurs) dans la revue de la société, *Philosophical Transactions*.

Dévoré par la jalousie, Hooke tenta de discréditer l'arriviste, déclenchant une querelle qui durerait toute leur vie. Hooke déclara qu'il avait déjà effectué toutes ces expériences lui-même et que les résultats pouvaient être expliqués tout aussi bien par sa propre théorie. (Plus tard, il soutiendra que Newton l'avait plagié pour écrire ses *Principes*.)

D'autres scientifiques comme Huygens élevèrent également des objections en écrivant au journal. Newton répondit à ses opposants par un mélange d'incrédulité et de mépris. La dissection impitoyable des nouvelles idées allait devenir une part normale de la science. Mais Newton, homme extrêmement secret, se sentit offensé. Il fut particulièrement inquiété par un groupe de jésuites anglais qui soutenaient ne pas pouvoir refaire son *Experimentum Crucis* et affirmaient que le déploiement du spectre était un artefact causé par un « nuage brillant[20] ».

Les critiques continuèrent jusqu'en 1678, quand l'exaspération le conduisit à se retirer dans un lieu isolé. Il avait alors trente-cinq ans. Il restait encore tant à faire.

Chapitre 4

Antoine Lavoisier
La fille du fermier

Antoine-Laurent Lavoisier

Imaginez ce que cela signifie de comprendre ce qui donne sa couleur à une feuille ! ce qui fait qu'une flamme brûle[1] !

Marie Anne Lavoisier dans la pièce
Oxygène, de Carl Djerassi
et Roald Hoffman

Par une journée d'automne de 1772, dans le Jardin de l'Infante situé devant le Louvre, les Parisiens flânant le long de la Seine ont peut-être remarqué un étrange engin : une plate-forme en bois montée sur six roues, comme un wagon plat, sur laquelle était installé un assemblage d'énormes morceaux de verre. Les deux lentilles les plus larges, d'un rayon de 2 m 50, avaient été serrées l'une contre l'autre pour former une seule loupe puissante qui capturait les rayons du Soleil et les faisait ensuite passer par une deuxième lentille plus petite puis jusqu'à une table. Sur la plate-forme, des scientifiques en perruques et lunettes noires effectuaient une expérience, tandis que les assistants, tels des aspirants, actionnaient la manivelle et ajustaient le gréement en suivant le Soleil dans le ciel.

L'un des hommes qui avait réservé du temps sur la machine, l'accélérateur de particules de son époque[2], s'appelait Antoine Laurent de Lavoisier. Il essayait de découvrir ce qui arrive lorsque l'on incinère des diamants[3].

On savait depuis longtemps que les diamants brûlaient (on sait maintenant qu'ils sont constitués de carbone) et les bijoutiers parisiens avaient demandé à l'Académie des Sciences de chercher si cela constituait un risque. Lavoisier lui-même s'intéressait davantage à une autre question : la nature chimique de la combustion. La beauté du « verre ardent » consistait dans sa capacité à concentrer la lumière du Soleil sur un point dans un récipient fermé, réchauffant ce qui avait été placé à l'intérieur. Les émanations du bocal pouvaient ensuite être canalisées à travers un tube dans un flacon rempli d'eau, gargouillant jusqu'à former une bulle qui était ensuite prélevée et analysée.

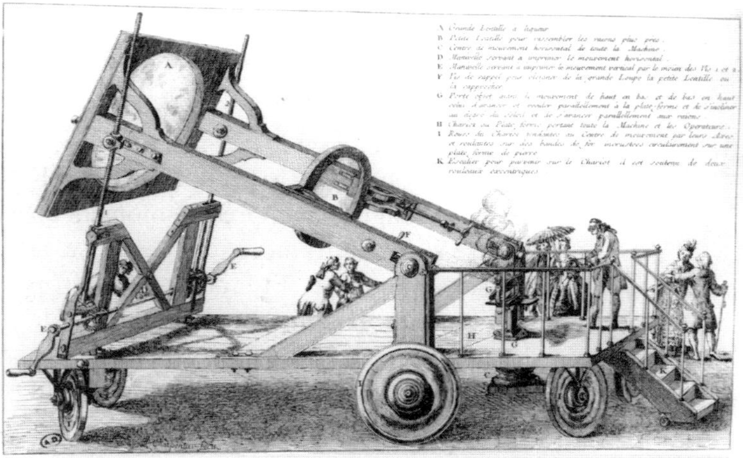

Incinération de diamants.

L'expérience fut un échec : la chaleur intense cassait sans cesse le verre. Mais Lavoisier avait d'autres sujets à l'ordre du jour. Ce qu'il avait proposé à l'Académie des Sciences était un programme d'étude de « l'air contenu dans la matière[4] » et de son lien à la véritable nature du feu.

Newton avait remis la physique dans le droit chemin mais n'avait pas été d'une grande aide pour la chimie, qui se trouvait encore sous l'emprise de l'alchimie. « Le henné dissout dans un alcool bien distillé de salpêtre donnera une solution incolore », écrivait-il. « Mais s'il est plongé dans une bonne huile de vitriol[5] et agité jusqu'à ce qu'il se dissolve, l'alcool obtenu sera d'abord jaune puis d'une intense couleur rougeâtre[6]. » Dans ces pages de chimie de cuisine, on trouve peu d'indications de mesure ou de quantification : « En mettant de l'esprit de sel[7] dans de l'urine fraîche, les deux liqueurs se mélangent facilement et doucement », notait-il, tandis que

> si le même esprit est déposé sur de l'urine macérée, un sifflement et une ébullition se produiront, les sels volatiles et acides coaguleront après un moment en formant une troisième substance, quelque chose de la nature du sel ammoniac[8]. Et tandis que le sirop de violettes est simplement dilué lorsqu'on le dissout dans un peu d'urine fraîche, quelques gouttes d'urine fermentée lui donnent rapidement un vert intense.

Ceci était au moins de la protochimie. Une grande partie de l'alchimie, dont celle de Newton, sonne aux oreilles modernes comme de la magie. Dans l'un de ses carnets, Newton a recopié consciencieusement des passages du texte d'un alchimiste nommé George Starkey, connu sous le pseudonyme de Philalèthe.

Le passage commence ainsi : « Dans [Saturne] se cache une âme immortelle[9]. » Saturne incarne généralement le plomb, chaque élément est lié à une planète, mais ici il réfère apparemment à un métal argenté appelé antimoine. L' « âme immortelle » est le gaz émis lorsque le minerai est exposé à une flamme intense. « Mars est uni par des liens d'amour à Saturne » (le fer est ajouté à l'antimoine), « qui est dévoré par lui avec une force puissante dont l'esprit divise le corps de Saturne. Des deux planètes unies coule une eau merveilleusement brillante dans laquelle le soleil se couche et perd sa lumière. » Le Soleil est l'or métallique et est ici immergé dans le mercure, communément appelé vif-argent. « Vénus est une étoile très brillante embrassée par [Mars]. » Vénus était le cuivre, qu'on ajoutait alors au mélange. La recette métallurgique est apparemment une description des premières étapes de production de la « pierre philosophale » longuement cherchée, capable de transformer des éléments basiques en or.

Lavoisier et ses pairs avaient dépassé de telles incantations mystiques mais les chimistes acceptaient encore communément la notion alchimique selon laquelle la matière est gouvernée par trois principes : le mercure (qui rend les choses liquides), le sel (qui les rend solides) et le soufre (qui les fait brûler). L'esprit sulfureux, également appelé *terra pingua* (terre « grasse » ou « huileuse ») était une source particulière de fascination. Au début du XVIIIe siècle, un chimiste allemand, Georg Ernst Stahl, le renomma « phlogistique », d'après la racine grecque *phlog* qui fait référence au feu[10].

Les choses brûlaient parce qu'elles étaient riches en phlogistique. Une fois consumées, elles relâchaient dans l'air cette substance liée au feu. Lorsqu'on embrasait un morceau de bois, il ne cessait de brûler que lorsque son phlogistique était entièrement consumé, laissant derrière lui un tas de cendres. La conclusion logique était que le bois était fait de phlogistique et de cendres. De même, lorsqu'on réchauffait un métal sous une flamme intense, processus appelé calcination, on obtenait une substance blanchâtre et cassante, de la chaux[11]. Le métal était donc composé de phlogistique et de chaux. La rouille était une autre forme de cette combustion lente, tout comme la respiration – réactions provoquées lorsque le phlogistique est relâché dans l'air.

Le processus fonctionnait également dans l'autre sens. Il était reconnu que la chaux ressemblait aux minerais bruts extraits du sol, qui étaient raffinés ou *réduits*, « revivifiés », en les chauffant près d'un morceau de charbon. Le charbon émettait du phlogistique qui s'alliait à la chaux pour recouvrir le métal brillant.

Ce n'était pas forcément une mauvaise idée d'invoquer une entité hypothétique ne pouvant être mesurée mais seulement déduite. À notre époque, des cosmologistes supposent l'existence d'une « matière noire » intangible qui empêche les galaxies de tourner à l'écart de leurs propres forces centrifuges et d'une « énergie noire » antigravitationnelle qui propulse l'expansion cosmologique.

Grâce au phlogistique, les scientifiques disposaient d'une explication cohérente pour la combustion, la calcination, la réduction et même la respiration. La chimie prenait soudain un sens.

Mais il y avait un problème : la chaux qui restait après une calcination pesait plus que le métal d'origine. Comment le fait d'enlever le phlogistique pouvait-il rendre quelque chose plus lourd ? Comme l'énergie noire un quart de millénaire plus tard, le phlogistique était, selon les termes du philosophe français Condorcet, « propulsé par des forces qui lui donnent une direction contraire à celle de la gravité [12] ». Plus poétiquement, un chimiste déclara que le phlogistique « donnait des ailes aux molécules terrestres [13] ».

Lavoisier aussi avait appris que le phlogistique était l'un des principaux éléments de la matière. Mais au moment de ses expériences avec les diamants, il commençait à s'interroger : comment quelque chose peut-il avoir un poids négatif ?

Sa mère était morte quand il était encore un enfant, lui laissant un héritage suffisamment important pour investir dans une entreprise rentable : la Ferme générale. Le gouvernement français avait confié à ce consortium privé d'hommes d'affaire la perception de certains impôts et en reversait une part aux Fermiers généraux, dont Lavoisier. Bien que cela prenait du temps sur ses recherches, il gagnait ainsi assez d'argent pour pouvoir s'offrir l'un des meilleurs laboratoires d'Europe. Dans l'une de ses premières expériences, en 1769, il examina l'idée communément admise selon laquelle l'eau pouvait se transformer en terre [14].

Les preuves semblaient convaincantes : l'eau s'évaporant d'une casserole laissait un résidu solide. Lavoisier s'attela au cœur du problème en utilisant un flacon en verre appelé pélican. Rond et rebondi à la base et doté d'une petite chambre supérieure, le récipient était équipé de deux tubes courbes (dont la forme rappelait celle d'un bec de pélican) qui renvoyaient les vapeurs condensées vers le fond. Pour les alchimistes, le pélican symbolisait le sang sacrificiel du Christ et le ballon pélican était censé détenir des pouvoirs de transformation. Pour l'expérience en question, l'eau bouillant dans un pélican s'évaporait et se recondensait continuellement sans que rien, solide, liquide ou gaz, ne quitte le système.

Après avoir distillé de l'eau pure pendant une centaine de jours, Lavoisier découvrit qu'un résidu s'était effectivement accumulé. Mais il se doutait de sa provenance. En pesant le pélican vide, il confirma qu'il était plus léger qu'avant. En séchant et pesant les débris résiduels, il découvrit que leur poids correspondait de manière suffisamment exacte pour le convaincre qu'ils provenaient du verre.

Un flacon pélican. John French, The Art of Distillation *(L'art de la distillation), Londres, 1651.*

Deux ans plus tard, en 1771, Lavoisier, qui avait alors vingt-huit ans, épousa Marie Anne Pierrette Paulze, la fille de treize ans d'un autre fermier général[15] (elle fut assez satisfaite de cet arrangement : son autre prétendant avait cinquante ans). Fascinée par les recherches de son époux, Marie Anne apprit la chimie à ses côtés, prenant des notes, traduisant des écrits scientifiques anglais en français et réalisant des dessins méticuleux d'une série d'expériences couronnées par une expérience si belle que, telle une pierre philosophale, elle transforma l'alchimie en chimie[16].

Les chimistes de la génération de Lavoisier avaient déjà découvert qu'il existait, comme l'exprimait l'Anglais Joseph Priestley[17], « différentes sortes d'air ». L'« air fixe » ou méphitique (nocif) peut éteindre une flamme et asphyxier une souris. Il trouble également l'eau de chaux (hydroxyde de calcium en termes plus modernes), formant un précipité blanc (carbonate de calcium). Mais les plantes s'épanouissent dans ce gaz et le rendent peu à peu à nouveau respirable.

Marie Anne Pierrette Paulze.

Il existait un autre gaz asphyxiant qu'on retrouvait lorsqu'une bougie avait brûlé dans un photophore couvert. Il ne précipitait pas l'eau de chaux et, puisqu'il était évidemment lié à la combustion, il fut nommé air « phlogistifié » ou azote [18], d'après le terme grec qui signifie « sans vie ». Le plus mystérieux de tous était un gaz volatile émis lorsque des limailles de fer étaient dissoutes dans de l'acide sulfurique dilué. Il était si combustible qu'il fut nommé « air inflammable ». Un ballon rempli de ce gaz pouvait flotter très haut au-dessus du sol.

Il s'agissait alors de savoir si ces nouveaux airs étaient des éléments ou, comme le croyait Priestley, des modifications de l'air « normal » produites en ajoutant ou en enlevant du phlogistique.

Maîtrisant soigneusement son scepticisme, Lavoisier refit certaines des expériences de ses collègues. Il confirma que la combustion du phosphore pour obtenir de l'acide phosphorique ou celle du soufre pour obtenir de l'acide sulfurique rendait en effet les substances plus lourdes, comme ce qui arrive quand on calcine des métaux. Mais à quoi ce changement était-il dû ? Il pensait connaître la réponse [19]. En utilisant un verre ardent pour faire chauffer de l'étain enfermé dans un flacon, il découvrit que

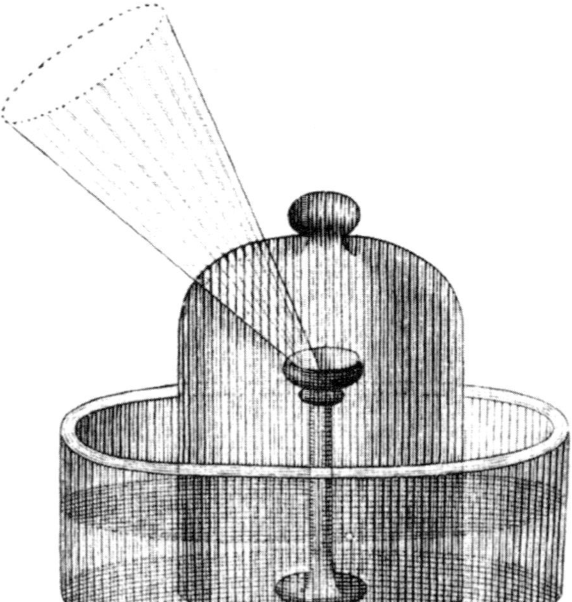

Combustion de litharge dans un récipient avec une loupe. Dessin de Marie Anne Lavoisier.

l'ensemble du dispositif pesait le même poids au début et à la fin de l'expérience. En ouvrant le flacon lentement, il entendit de l'air s'introduire en sifflant et c'est seulement à ce moment-là qu'il constata un gain de poids. Peut-être que les choses ne brûlaient pas parce qu'elles émettaient du phlogistique mais parce qu'elles absorbaient une sorte d'air[20].

Dans ce cas, la réduction d'une substance (refonte d'un minerai en métal pur) devrait forcer l'air à ressortir. Il dosa un oxyde de plomb appelé litharge et le plaça avec un morceau de charbon sur un piédestal formant une île dans un bassin rempli d'eau. Puis il posa une cloche par-dessus. En chauffant l'oxyde à l'aide d'une loupe, il comprit en voyant l'eau se déplacer qu'un gaz sortait. En le retirant soigneusement de la cloche, il découvrit qu'il éteignait les flammes et précipitait l'eau de chaux. L'air fixe se révélait être un produit de la réduction mais pouvait-on en déduire davantage ?

La réponse s'avéra reposer dans une substance rougeâtre appelée *mercurius calcinatus*[21] ou oxyde de mercure, vendu par les pharmaciens français comme remède à la syphilis. Au prix de dix-huit livres ou plus par once, soit environ 1 000 $ actuels, faire une expérience avec du *mercurius calcinatus* était presque aussi extravagant que de brûler des diamants. Comme tous les oxydes, il peut être produit en chauffant du métal pur à une flamme intense. Mais lorsqu'on continuait à le chauffer, il se transformait contre tout attente à nouveau en mercure. En d'autres termes, le *mercurius calcinatus* pouvait être réduit sans charbon. Mais qu'est-ce qui fournissait alors le phlogistique ? En 1774, Lavoisier et certains de ses collègues de l'Académie des sciences confirmèrent que l'oxyde de mercure pouvait effectivement être réduit « sans addition[22] » en perdant environ un douzième de son poids.

Priestley faisait également des expériences sur cette substance, la chauffant avec une loupe et recueillant les émanations. « Ce qui me surprit davantage que je ne puis l'exprimer », écrivit-il plus tard, « était qu'une bougie brûlait dans cet air avec une flamme remarquablement vigoureuse [...] Je ne savais absolument pas me l'expliquer[23]. » En découvrant qu'une souris de laboratoire s'épanouissait en respirant ce gaz, il tenta de le respirer lui-même. « Ma poitrine me sembla particulièrement légère et décontractée pendant un certain temps après. Qui sait si cet air pur ne deviendrait pas un article de luxe à la mode dans quelque temps ! Pour l'instant, seulement deux souris et moi-même ont eu le privilège de le respirer[24]. »

Un gaz dans lequel les feux de la combustion et la respiration prospèrent doit particulièrement bien absorber le phlogistique. Priestley le nomma donc « air déphlogistifié », l'air dans sa forme la plus pure. Il n'était pas le seul à penser ainsi. En Suède, un pharmacien nommé Carl Wilhelm Scheele étudiait les propriétés de ce qu'il nommait « air empiréal. »

À ce moment-là, Lavoisier appelait le gaz expulsé lors de la réduction du *mercurius calcinatus*, air « éminemment respirable » ou « vital[25] » et comme Priestley, il pensait qu'il s'agissait de l'air ordinaire dans sa forme pure. Mais il rencontra une complication. Lorsqu'il tenta de réduire l'oxyde de mercure avec du charbon, la méthode traditionnelle, cela libéra le même gaz qu'il avait obtenu à partir de la litharge : un gaz qui éteint les bougies et précipite l'eau de chaux. Pourquoi la réduction d'oxyde de mercure sans charbon produisait-elle de l'air vital et sa réduction avec charbon de l'air fixe asphyxiant[26] ?

Il existait un moyen de le savoir. Il prit sur ses étagères un flacon appelé matras, rond en bas et doté d'un long col étroit, qu'il chauffa et plia afin de créer une courbe qui descendait puis remontait[27].

Si le ballon de l'expérience de 1769 ressemblait à un pélican, celui-ci avait plutôt l'air d'un flamant. Il versa quatre onces de mercure pur dans la cuve ronde du bas (A sur le graphique) et posa le ballon sur un fourneau, le col plongeant dans une cuve ouverte également remplie de mercure puis remontant dans une cloche. Cela servirait de jauge pour mesurer la quantité d'air consommée durant l'expérience. Après avoir marqué le niveau (L L) avec une étiquette en papier, il alluma le fourneau et amena presque à ébullition le métal liquide dans la cuve A.

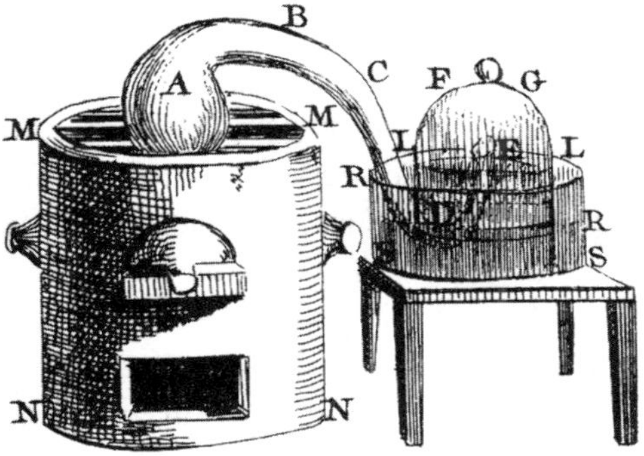

Chauffage du mercure dans un « flacon flamant ».
Dessin de Marie Anne Lavoisier.

Le premier jour, presque rien ne se produisit. De petites quantités de mercure s'évaporèrent et se condensèrent le long de la paroi du matras, formant des gouttes assez lourdes pour glisser et retomber au fond. Mais le deuxième jour, de minuscules points rouges commencèrent à apparaître à la surface du mercure : l'oxyde. Au cours des quelques jours suivants, la croûte rougeâtre s'agrandit jusqu'à ce qu'elle ne puisse plus grandir davantage. Le douzième jour, Lavoisier arrêta l'expérience et prit quelques mesures.

À ce moment-là, le mercure dans la cloche était monté au-dessus de la marque, déplaçant une partie de l'air qui avait été absorbé par l'oxyde. En ajustant les changements de température et de pression dans le laboratoire, Lavoisier calcula que l'air avait été réduit d'environ un sixième de son volume, passant de 50 pouces cubiques à entre 42 et 43 pouces cubiques. Il avait également changé de nature. Lorsqu'il mit une souris dans un récipient rempli de cet air résiduel, elle eut du mal à respirer et « les lumières s'y éteignaient sur-le-champ comme si on les eût plongées dans de l'eau[28] ». Mais comme le gaz ne précipitait pas l'eau de chaux, il devait s'agir d'azote plutôt que d'air fixe.

Mais qu'avait pris le mercure brûlant dans l'air ? Écrémant la croûte rouge qui s'était formée sur le métal, Lavoisier la chauffa dans une cornue jusqu'à ce qu'elle se transforme à nouveau en mercure pur, émettant sept à huit pouces cubiques de gaz, environ la même quantité que celle absorbée durant la calcination. Exposée à ce gaz, une chandelle brûlait avec « un éclat éblouissant » et le charbon, au lieu de se consumer, « y brûlait [...] avec une vivacité de lumière que les yeux avaient du mal à supporter[29] ».

Le moment était crucial. La combustion du mercure absorbait l'air vital de l'atmosphère, en rejetant de l'azote. La réduction du mercure rejetait à nouveau de l'air vital. Lavoisier venait de séparer les deux composants principaux de l'atmosphère.

En conclusion, il recombina huit parts de son air vital avec quarante-deux parts d'azote et démontra que le résultat possédait les caractéristiques de l'air ordinaire. Analyse et synthèse : « Voici la preuve la plus complète qu'il est possible d'obtenir en chimie, la décomposition de l'air suivie de sa recomposition [30]. »

Lavoisier lut ses résultats à l'Académie des Sciences en 1777. Le phlogistique n'existait pas. La combustion et la calcination étaient provoquées par une substance provenant de l'air vital, qu'il appela oxygène du fait de son rôle dans la formation des acides (*oxy* signifie acide en grec). Lorsque l'oxygène est réduit dans l'air par la combustion, de l'azote irrespirable est rejeté.

Quant au gaz que les gens appelaient air fixe, il est produit lorsque l'oxygène émis au cours d'une réduction s'allie avec une substance présente dans le charbon, produisant ce que nous connaissons aujourd'hui sous le nom de dioxyde de carbone.

Pendant des années, les collègues de Lavoisier, en particulier Priestley, se plaignirent qu'il s'était attribué tout le mérite d'un travail qu'ils avaient également effectué. Priestley avait dîné avec les Lavoisier, leur parlant de l'air déphlogistifié et Scheele, le pharmacien suédois, avait envoyé à Lavoisier une lettre décrivant son travail. Mais pendant tout ce temps, ils continuaient à se représenter l'oxygène comme de l'air dépourvu de phlogistique.

Dans leur pièce *Oxygène* jouée pour la première fois en 2001, deux chimistes, Carl Djerassi et Roald Hoffman, ont imaginé la convocation des trois scientifiques à Stockholm par le roi de Suède afin de décider qui sera honoré comme étant le véritable découvreur. Scheele fut le premier à extraire le gaz et Priestley le premier à publier un article sur son existence mais Lavoisier fut le seul à comprendre ce qu'il avait découvert.

Il avait également compris un élément plus fondamental : la loi de conservation de la masse. Dans une réaction chimique, la matière (le mercure en combustion, l'air modifié) change de forme. Mais la masse n'est ni créée ni détruite. La quantité au début de l'opération doit rester la même à la fin. Les livres de compte doivent être en équilibre, comme dirait un percepteur des impôts.

En 1794, sous la Terreur, Lavoisier et le père de Marie Anne furent condamnés avec d'autres Fermiers généraux comme ennemis d'État et transportés sur une charrette sur la Place de la Révolution, où une plate-forme en bois avait été érigée, aussi imposante que celle où Lavoisier avait autrefois brûlé des diamants. À la place des lentilles géantes se trouvait un autre exemple de la technologie française : la guillotine[31].

Une histoire s'est propagée sur Internet il y a quelque temps, selon laquelle Lavoisier organisa une ultime expérience avant son exécution. La guillotine avait été promue en France comme étant une forme d'exécution particulièrement humaine, produisant une mort instantanée et sans douleur. C'était le moment de le vérifier. Au moment où la lame touchera son cou, Lavoisier commencera à cligner des yeux autant de fois qu'il le pourra. Un assistant dans la foule comptera les clignements. L'histoire n'est sûrement pas vraie[32]. Mais elle ressemble exactement au genre de choses que Lavoisier était capable de faire.

Chapitre 5

Luigi Galvani
Électricité animale

Luigi Galvani

Car il est facile d'être trompé lors d'une expérience et de penser avoir vu et découvert ce que nous désirons voir et découvrir [1].

Luigi Galvani

Au milieu du XVIIIe siècle, alors que l'électricité faisait fureur, un scientifique amateur se présenta devant la Société royale de Londres et décrivit ce que nous pourrions appeler la loi de Symmer [2] : les chaussettes de couleurs opposées s'attirent tandis que les chaussettes de même couleur se repoussent. Pour avoir les pieds au chaud en hiver, l'orateur, un fonctionnaire nommé Robert Symmer, avait l'habitude de porter deux couches de chaussettes. Le matin, il mettait une paire de chaussettes blanches en soie sur une paire de chaussettes noires en laine. L'après-midi, il les inversait. Au moment du changement, les deux matières crépitaient et se hérissaient avec des charges opposées et Symmer, qu'on surnomma le « philosophe aux pieds nus », se calait dans son fauteuil en s'émerveillant du résultat.

« Lorsque cette expérience est réalisée avec deux chaussettes noires dans une main et deux blanches dans l'autre », rapporta-t-il, « cela produit un curieux spectacle : la répulsion de celles de la même couleur et l'attraction de celles de couleurs différentes leur confèrent une agitation tout à fait divertissante [3]. »

Nous nous trouvions alors au paroxysme de l'ère romantique dans la recherche électrique [4]. Les scientifiques débattaient pour savoir si l'électricité était une vapeur, un fluide ou, comme Benjamin Franklin le supposait, « de subtiles particules ». En faisant tourner les roues de leurs générateurs d'électricité statique (de grands disques et globes tournant frottés pour produire une charge), les scientifiques-amuseurs (appelés « électriciens ») envoyaient des ondes de choc qui passaient de main en main à travers des chaînes humaines. En suspendant un homme dans un fauteuil avec des cordes en soie (pour l'empêcher d'être électriquement relié à la terre), il était possible de faire rayonner sa tête comme l'auréole en feuille d'or d'une représentation de saint. Après avoir transmis une charge à une jeune femme choisie dans le public, celle-ci électrifiait son fiancé par un baiser inoubliable. La rencontre d'une charge positive avec une charge négative.

Aussi fantomatique qu'elle puisse paraître, l'électricité était suffisamment tangible pour pouvoir être stockée dans un bocal. Enveloppé à l'intérieur et à l'extérieur de deux feuilles d'aluminium connectées aux pôles opposés d'un générateur de frottements, le récipient prenait une charge (négative d'un côté du verre et positive de l'autre)

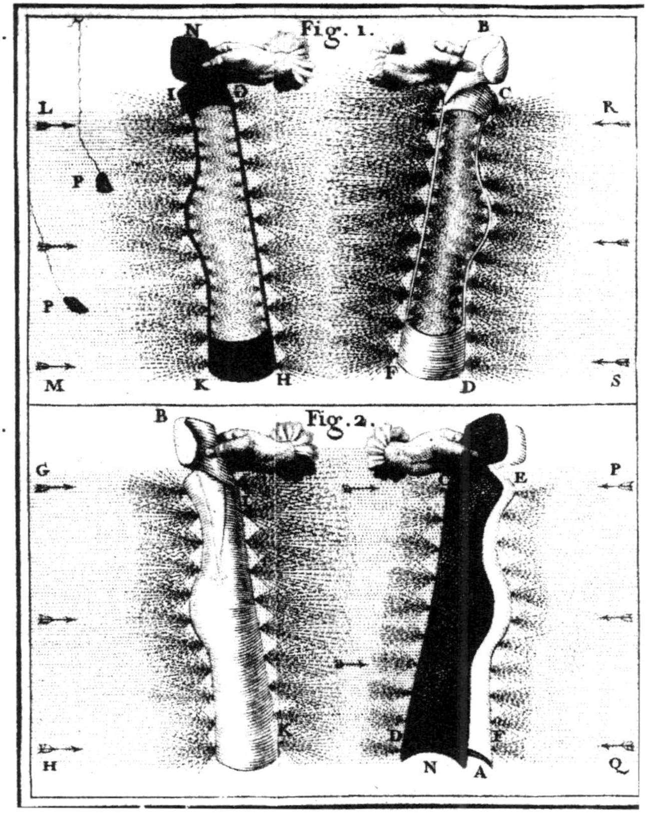

Les chaussettes de Symmer. D'après un traité de Jean-Antoine Nollet, abbé et physicien français.

qui subsistait longtemps après que les fils avaient été enlevés. En touchant les deux côtés de cet ancêtre du condensateur, appelé bouteille de Leyde, on avait l'impression d'être piqué par une anguille.

L'imagination embrouillait les faits empiriques lorsque des scientifiques examinaient des rapports selon lesquels la foudre aurait rendu l'usage de leurs jambes à des invalides ou accéléré la croissance des plantes. Supposant que l'électricité était produite dans le cerveau, par la conversion du phlogistique, Joseph Priestley pensait également qu'elle était responsable du mouvement musculaire... ainsi que de la brillance irisée des plumes de perruche et de la lumière « censée provenir de certains animaux » lorsqu'ils traquent leurs proies la nuit et même de certaines personnes « d'un tempérament particulier et notamment dans des occasions extraordinaires [5] ».

D'autres pensaient qu'une sorte de fluide « nervoélectrique » était produit dans le corps par frottement. C'était une idée surprenante. Comme les chaussettes de Symmer, les nerfs et les os frotteraient contre les muscles, générant la force vitale, l'électricité.

Un soir d'avril 1786, plus d'un quart de siècle après la découverte de Symmer, Luigi Galvani, un professeur d'anatomie d'âge mûr se dirigeait vers une terrasse du Palazzo Zamboni situé à Bologne, près de sa maison, en transportant un rouleau de fil métallique et des cuisses de grenouilles préparées, comme il le disait souvent, « de la manière habituelle », c'est-à-dire tranchées à la moelle épinière avec les nerfs sciatiques (également appelés « cruraux ») pendants [6].

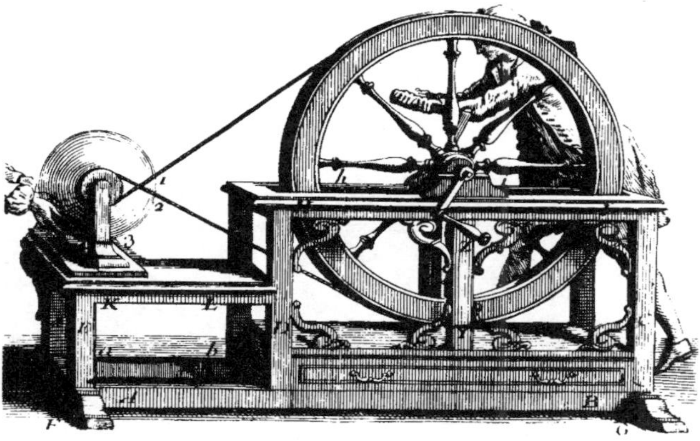

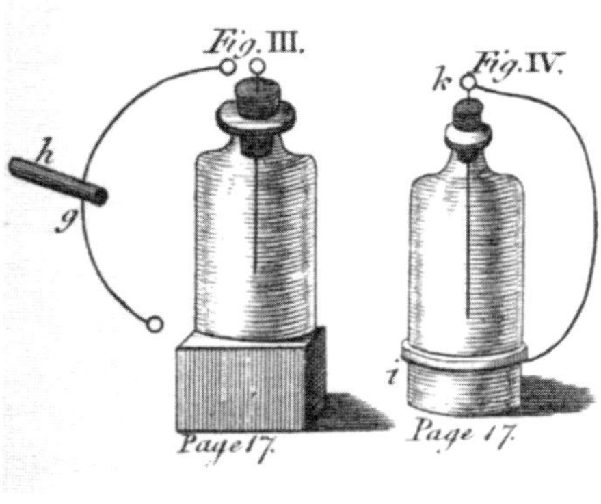

Une machine à électricité statique du XVIIIe siècle et un dessin de Benjamin Franklin représentant deux bouteilles de Leyde.

Alors que les nuages s'amoncelaient au sud, il plaça le spécimen sur une table et le connecta à une corde à linge en fil de fer, qu'il tendit vers le haut. Puis il attendit l'orage et constata que les cuisses de la grenouille tressautaient en réaction à l'éclair comme pour prévenir de l'arrivée du tonnerre.

TABLE II

Contractions musculaires causées par la foudre.
Tiré de De Viribus Electricitatis in Motu Musculari Commentarius *de Galvani.*

Au fil des ans, Galvani avait produit des effets similaires dans son laboratoire, en stimulant des nerfs de grenouille avec de l'électricité produite par un générateur ou émise par une bouteille de Leyde. La démonstration effectuée en haut du Palazzo Zamboni confirma pour lui que l'électricité « naturelle » produisait la même réaction physiologique que l'électricité « artificielle ». D'une manière ou d'une autre, cela faisait bouger les muscles.

Il y avait cependant une expérience qu'il trouvait difficile à interpréter. Plusieurs années auparavant, l'un de ses assistants avait touché le nerf exposé d'une grenouille avec un scalpel juste au moment ou un autre assistant, travaillant à côté avec un générateur, créait une petite étincelle. Aucun fil ne reliait la machine à l'animal disséqué mais ses

TABLE I

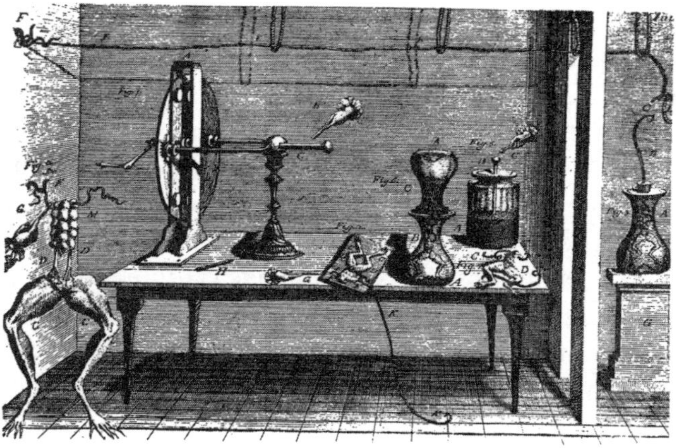

Électricité statique et cuisses de grenouilles, ibid.

cuisses se contractèrent violemment comme lors d'une crise. Depuis, Galvani étudiait ce phénomène.

Il avait rapidement établi que la réaction n'était pas provoquée par une simple irritation due au scalpel. Après s'être assuré que le générateur était éteint, il pressa une lame métallique contre le nerf. Il eut beau insister, les muscles restèrent immobiles. L'effet semblait clairement être d'origine électrique.

D'autres expériences montrèrent qu'un cylindre en fer captait l'étincelle et faisait tressauter les cuisses mais pas une tige en verre. Parfois, cependant, même un scalpel en métal ne parvenait pas à provoquer de réaction. Galvani réalisa rapidement que ces échecs se produisaient lorsqu'il tenait l'instrument par son manche en os sans toucher les rivets ou la lame. D'une manière ou d'une autre, l'expérimentateur lui-même semblait faire partie de la réaction.

Pour tester cette hypothèse, il plaça le cylindre en métal seul sur la table de manière à ce qu'il touche le nerf, puis alluma le générateur. La cuisse resta immobile.

Petit à petit, il élimina les variables. Lorsqu'il connectait le nerf à un long fil en métal au lieu d'un petit cylindre, une étincelle distante faisait sauter les cuisses. La situation devenait un peu plus claire. Les scientifiques savaient déjà que l'électricité pouvait exercer son influence à distance : les poils de la nuque se hérissent lorsque la foudre tombe à proximité. Le lancement du générateur crée une tension dans l'air : une « atmosphère électrique ». La personne qui tient le scalpel et le scalpel lui-même servaient d'antenne, de paratonnerre se déchargeant à travers la grenouille.

Mais peut-être, supposa Galvani, se passait-il quelque chose d'encore plus étrange. Si la grenouille réagissait simplement à l'électricité artificielle transmise par l'air, l'intensité du soubresaut devrait dépendre de la proximité de l'étincelle. En attachant un crochet en métal à la moelle épinière et le crochet à un fil, il répéta l'expérience à différentes distances, plaçant la grenouille jusqu'à 45 mètres du générateur. La réaction était toujours aussi vigoureuse, même lorsque les cuisses étaient protégées par un cylindre en étain ou isolées dans une cloche à vide. Une variation après l'autre semblait indiquer ce que Galvani avait deviné instinctivement : l'électricité produite par la machine n'était pas la cause primaire du soubresaut. Elle n'était rien de plus qu'un élément déclencheur, excitant une « électricité animale » survenant naturellement et circulant à travers les nerfs.

Galvani savait à quel point il est facile pour un expérimentateur de se duper soi-même et de voir ce qu'il désire voir. Il encercla prudemment sa proie. Au début du mois de septembre, plusieurs mois après l'expérience du Palazzo Zamboni, il prit plusieurs de ses grenouilles tronquées et les accrocha à l'aide de crochets métalliques à la balustrade en fer de son balcon. Cette fois-ci il n'y avait pas d'éclairs, pas d'étincelles créées par un générateur mais les cuisses tressautaient quand même.

L'électricité ne pouvait provenir du métal, conclut-il. Un conducteur simple (le crochet et la balustrade) ne pouvait pas contenir une charge. Pour créer un potentiel, les charges négative et positive doivent être soigneusement isolées l'une de l'autre, comme dans bouteille de Leyde. Il était plus difficile d'exclure la possibilité que l'électricité atmosphérique se soit d'une manière ou d'une autre « glissée dans l'animal et accumulée[7] », se ruant à l'extérieur lorsque le crochet entrait en contact avec la balustrade. Le ciel était clair ce jour-là mais Galvani voulait écarter cette possibilité.

D'une main il saisit une grenouille, la suspendant par son crochet de manière à ce que ses pattes touchent le haut d'une boîte en argent[8]. Tenant un morceau de métal dans son autre main, il le fit toucher la même surface brillante, complétant le circuit et faisant tressauter la grenouille. La même chose arriva quand il tint la grenouille par le thorax de manière à ce que le crochet et l'une des pattes touchent le conducteur plat : « Au moment précis où la patte toucha la surface, tous les muscles de la cuisse se contractèrent, soulevant la patte[9]. » Lorsque la patte retomba sur la surface, elle se contracta à nouveau...et encore, la grenouille sautant encore et encore jusqu'à ce que son énergie soit épuisée. Qu'est-ce que cela pouvait être à part de l'électricité animale ?

En 1791, Galvani publia ses découvertes dans *De Viribus Electricitatis in Motu Musculari Commentarius* (*Commentaire sur les effets de l'électricité dans les mouvements musculaires*), supposant que le muscle de la grenouille était comme une bouteille de Leyde, stockant et déchargeant une sorte d'électricité organique. Après avoir soigneusement décrit ses expériences et analysé les résultats, il s'autorisa à émettre des hypothèses. Chez les êtres humains, pensait-il, un excès d'électricité pouvait être à l'origine de bougeotte, de rougeurs ou, dans des situations extrêmes, de crises d'épilepsie. S'aventurant brièvement hors de son propre domaine d'expertise, il suggéra que la foudre et les tremblements de terre pourraient être reliés d'une manière ou d'une autre : « Mais arrêtons ici les conjectures ! » Il espérait faire plus tard des recherches pour savoir si l'électricité était impliquée dans toutes les fonctions du corps : « sur la circulation du sang et la sécrétion des humeurs, nous publierons le plus rapidement possible un nouveau commentaire, dès que nous aurons trouvé un peu plus de temps[10]. »

Alessandro Volta, l'un des plus grands électriciens d'Europe fut d'abord impressionné par la découverte de Galvani, déclarant que ses expériences avaient placé l'électricité animale « parmi les vérités prouvées[11] ». Puis il se mit poliment à démonter sa théorie point par point.

Prenant une grenouille entière comme sujet d'expérimentation, il tenta de toucher son dos avec une bande de métal et ses cuisses avec une pièce ou une clé. Puis il ferma l'arc en reliant la pointe des deux sondes. Il obtint « les mêmes convulsions, spasmes et soubresauts[12] » constatés par Galvani mais seulement à condition d'utiliser deux métaux différents.

Galvani avait rapporté dans ses propres expériences qu'un « arc bimétallique » semblait amplifier les contractions, mais il ne considérait cela que comme un détail divertissant. Au début, Volta fut porté à croire la même chose, supposant que la combinaison des métaux encourageait d'une manière ou d'une autre la circulation de la propre électricité de la grenouille lorsqu'elle se précipitait à travers le circuit complété. Mais ensuite il examina la question de plus près.

Après avoir exposé un nerf sciatique, il attacha deux minuscules pinces en métal, comme des colliers, laissant un petit écart entre les deux. L'une des pinces était en étain et l'autre en argent [13]. Au moment où il ferma le circuit, en faisant se toucher les pinces ou en les reliant avec un fil, le membre convulsa. Il produisit un effet similaire avec de l'étain et du laiton. Volta commençait à croire que l'arc conducteur n'était pas seulement une connexion passive déchargeant voire accélérant l'électricité animale. C'était la véritable source d'énergie. Lorsque la cuisse de la grenouille tressautait, elle se comportait comme l'aiguille d'un compteur très sensible. Ce qu'elle indiquait était la présence d'un phénomène nouvellement découvert : l'électricité bimétallique. « La théorie et les explications de Galvani [...] sont largement discréditées », écrivit Volta à un collègue, « et tout l'édifice risque de s'effondrer [14]. »

Lorsque la grenouille de Galvani dansait sur le couvercle d'une boîte en argent, elle ne faisait que réagir à des chocs électriques. La conclusion de Volta fut aussi courtoise que cruelle : « Si c'est ainsi que sont les choses, que reste-t-il de l'électricité animale revendiquée par Galvani et apparemment démontrée par ses excellentes expériences [15] ? »

Galvani releva rapidement le défi. Il était vrai que des crochets en laiton avaient été utilisés pour suspendre des cuisses de grenouilles à une balustrade en fer. Mais l'arc n'avait pas besoin d'être bimétallique : il rapporta des résultats similaires avec des crochets en fer. Retournant au laboratoire, ses partisans et lui démontrèrent qu'ils pouvaient provoquer des convulsions en touchant simultanément un muscle et un nerf avec deux pièces du même métal[16].

Volta avait une réponse toute prête. Un morceau de métal pouvait sembler homogène mais comportait inévitablement des impuretés, des différences imperceptibles qui généreraient de l'électricité.

Les disciples de Galvani retournèrent donc au laboratoire, concevant des démonstrations ingénieuses dans lesquelles l'arc conducteur était constitué d'une bouteille en verre remplie de mercure pur. Un muscle disséqué flottait à la surface, sa moelle épinière suspendue à un fil de soie. Le fil était abaissé afin que le nerf touche le mercure et paf ! le muscle tressautait.

Impuretés, affirma Volta. Si le muscle bougeait, il devait y avoir des différences dans le métal, un argument circulaire qu'il était impossible de réfuter.

Ils se trouvaient dans une impasse. Pour l'un, la grenouille générait de l'électricité qui passait par l'arc métallique. Pour l'autre, l'arc métallique générait de l'électricité qui passait par la grenouille.

Le seul recours des disciples de Galvani fut de mettre le métal de côté. Un expérimentateur démontra qu'un morceau de carbone fonctionnait aussi bien : « Pourquoi alors attribuer au pouvoir différent des métaux des effets qui peuvent être produits par des corps qui n'ont certainement aucune qualité métallique [17] ? » Volta affirma que l'expérience ne prouvait rien puisque le carbone était après tout un conducteur.

Un autre expérimentateur montra qu'il pouvait produire la réaction de Galvani en touchant simplement le muscle de la grenouille de l'une de ses mains et le nerf tronqué de l'animal de l'autre. « Chaque fois que je la touche, la grenouille tressaille, bondit, et j'ai envie de dire, tente de m'échapper [18]. » Les conclusions semblaient évidentes : « les métaux ne sont pas les moteurs de l'électricité [...] Ils ne possèdent aucune vertu secrète et magique. »

Dans ce qui semblait être l'expérience la plus convaincante jusqu'alors, Galvani élimina entièrement les conducteurs externes [19], manipulant doucement une grenouille disséquée afin que le nerf sciatique pendant entre directement en contact avec le muscle contrôlant la cuisse. Elle donna immédiatement un coup de patte. D'où pouvait venir l'électricité sinon de l'animal lui-même ?

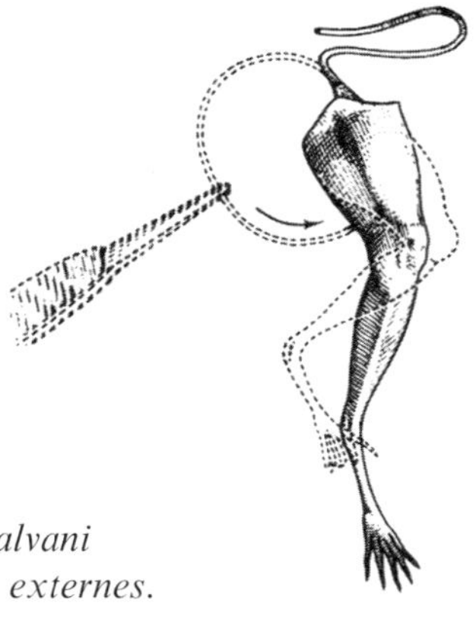

Expérience de Galvani sans conducteurs externes.

Galvani, sûr de lui, se moqua de Volta en reprenant ses propres mots : « Mais si c'est ainsi que sont les choses, si une telle électricité est effectivement entièrement spécifique à l'animal et non pas commune et extrinsèque, que reste-t-il de l'opinion du Signor Volta[20] ? »

Il fallait simplement la modifier. À ce moment-là, Volta en vint à penser que les muscles, les nerfs, les mains de l'expérimentateur et même la grenouille elle-même étaient de faibles conducteurs de « seconde classe ».

Que le nerf soit touché par le muscle ou l'argent par le laiton, l'effet était le même : des conducteurs différents produisaient ce qu'il appelait désormais une électricité de contact.

Dans les premières expériences de Galvani, une paire de conducteurs de première classe (scalpels en métal, crochets en laiton, couvercles de boîte en argent) était séparée par un conducteur de seconde classe humide, la grenouille. Il aurait pu aussi bien utiliser du carton mouillé ou, comme Volta le démontra, sa propre langue. Mettez une pièce en argent sur votre langue et une pièce en cuivre en dessous et vous pourrez goûter l'électricité. Les expériences impliquant un seul métal furent expliquées aussi facilement. Un conducteur de première classe formait un arc entre deux conducteurs de seconde classe : le nerf et le muscle. Finalement on pouvait constituer un arc entièrement à partir de conducteurs de seconde classe humides : une main et une grenouille. Organique ou inorganique, cela n'avait pas d'importance, tant que la différence existait.

Nous savons aujourd'hui qu'ils avaient raison tous les deux. Ils le prouvèrent chacun par une belle expérience.

Tout d'abord Volta. Prenant plusieurs douzaines de disques, dont la moitié était composée de zinc et l'autre de cuivre, il les empila les uns sur les autres en alternant les métaux et en les séparant par des entretoises rondes en carton préalablement plongées dans de l'eau salée. En formant une pile assez haute, il pouvait se donner un léger choc. Il utilisa également de l'argent et de l'étain et remplaça le carton par de petites coupes d'eau salée, reliées ensemble par des électrodes bimétalliques.

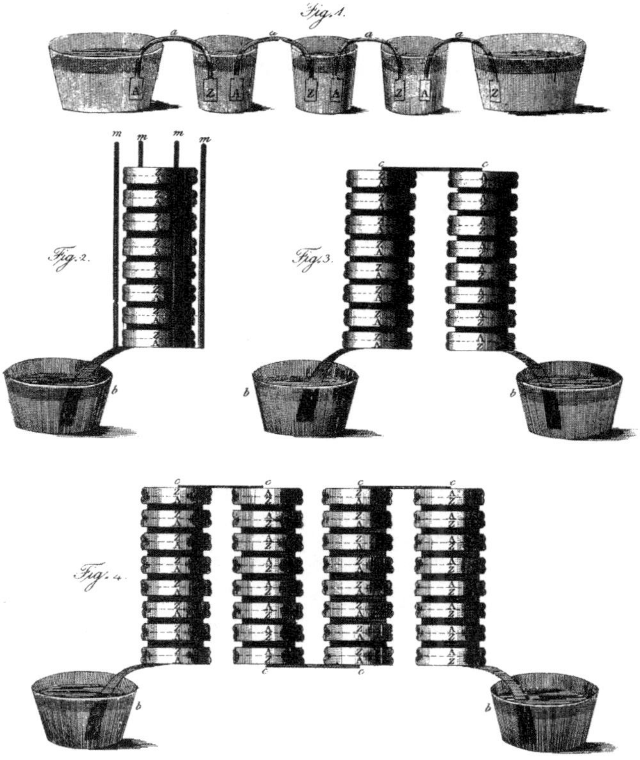

Pile électrique de Volta d'après son manuscrit de 1800.

Il venait d'inventer la pile[21]. Le titre de son article, publié en 1800 semblait tout dire : *On the Electricity Excited by the Mere Contact of Conductiong Substances of Different Kinds* (*Sur l'électricité excitée par le simple contact de substances conductrices de différentes espèces*). La grenouille de Galvani n'était rien de plus qu'un séparateur humide dans une pile voltaïque.

Mais non, car l'expérience triomphale de Galvani fut aussi élégante que celle de Volta. Il prépara une autre de ses grenouilles « de la manière habituelle » avec le nerf principal de chaque cuisse dépassant. Dans l'expérience principale, il avait fait toucher le muscle directement avec le nerf. Cette fois, utilisant une petite tige en verre, il fit se toucher les deux nerfs : deux conducteurs identiques et le résultat fut une contraction musculaire qui ne survenait pas s'il irritait simplement le second nerf avec un morceau de verre. « Maintenant à quelle différence peut-on recourir pour expliquer ces contractions », demanda-t-il, « puisque le contact est formé entre les nerfs seuls ? » « L'effet ne peut avoir été produit », affirma-t-il, que « par un circuit d'électricité inhérent à l'animal.[22] »

Bien qu'aucun des deux ne s'en rendissent vraiment compte, leurs expériences se complétaient car elles tournaient autour d'une vérité unique. Naturelle, artificielle, animale, l'électricité est l'électricité. Volta ne comprit pas que ce qu'il observait avec son « électricité de contact » était une réaction chimique (il pensait en fait que sa pile était une source de mouvement perpétuel). Galvani quant à lui s'accrochait à l'idée que l'électricité biologique possédait une différence essentielle.

Il faudra de nombreuses années avant que les physiologistes exposent les détails de ce que Galvani, incité par

Volta, avait entrevu avec ses grenouilles : comment, dans un organisme, chaque cellule microscopique agit comme une petite pile, les membranes se comportant comme des entretoises en carton et les ions chargés jouant le rôle des pièces en zinc et en cuivre. Il en résulte une égalité entre les charges positive et négative : la force électromotrice appelée tension. Quand un muscle bouge ou qu'un doigt touche la surface d'une pierre, un courant passe par le système nerveux. Il n'existe pas de « force vitale » éthérée. La vie est de l'électrochimie.

Chapitre 6

Michael Faraday
Quelque chose de profondément caché

Michael Faraday

Je ne regarde jamais les éclairs sans repenser à sa joie devant un bel orage. Il restait à la fenêtre pendant des heures, observant les effets et appréciant la scène alors que nous savions que son esprit était empli de nobles pensées, parfois à propos de son grand Créateur et parfois des lois par lesquelles Il régit la terre [1].

Margaret Reid,
nièce de Michael Faraday.

> *Étincelle*. L'étoile brillante de lumière produite par la décharge d'une pile voltaïque est connue de tous comme la plus belle lumière que sait produire l'homme par l'art[2].
>
> Michael Faraday.

Tout le monde savait qu'Ada Lovelace était une jeune fille difficile. La fille du poète Byron était née avec un côté sauvage que sa mère tenta de combattre en lui occupant l'esprit avec des mathématiques. La thérapie ne fut pas un succès complet puisqu'elle tenta de s'enfuir avec l'un de ses professeurs. Elle fut rattrapée, soumise et mariée à un noble mais elle préférait la compagnie des scientifiques. L'inventeur Charles Babbage faisait partie de sa coterie. Il l'appelait son « enchanteresse des nombres[3] ». Elle se surnommait elle-même l'« épouse de la science[4] ». Elle était obsédée par les nouvelles idées : la phrénologie, le mesmérisme, le « calcul du système nerveux[5] ». En 1844, à vingt-huit ans, elle engagea une correspondance galante avec le plus grand expérimentateur d'Angleterre, Michael Faraday, lui proposant d'être sa muse et sa « femme-fée[6] ».

> Je serai le beau fantôme rayonnant de couleur et d'éloquence lorsque vous me l'ordonnerez. Mais je serai d'abord un petit *oiseau brun et silencieux* à vos côtés et *vous* laisserai gentiment m'apprendre *comment* vous aider. Je *vous* donne avec plaisir ma *baguette*, je la remets entre *vos* mains pour votre usage.

Lady Ada Lovelace, 1838.

Il est difficile de dire d'après ses réponses prudentes ce que pensait Faraday de ses effusions exubérantes, soulignées à l'encre. Il avait cinquante-trois ans, était un homme marié, un pieux chrétien et se remettait alors de ce qu'on appellerait aujourd'hui une dépression nerveuse. La plupart de ses grandes découvertes étaient déjà derrière lui : les expériences réunissant l'électricité et le magnétisme. Peut-être fut-ce la flatterie d'Ada qui le poussa à aller plus loin et à montrer, par une élégante démonstration, que l'électromagnétisme lui-même est intimement lié à la lumière.

Ils venaient de mondes différents. Fils d'un forgeron et de l'apprentie d'un relieur, Faraday avait persuadé le grand chimiste anglais Humphry Davy de l'engager comme secrétaire et assistant. Ses devoirs consistèrent d'abord à servir Davy comme valet, à voyager avec lui en Europe et à rencontrer les pairs de celui-ci : Volta et André-Marie Ampère. Embauché par la Royal Institution à Londres, Faraday commença une carrière scientifique faite de bons et loyaux services : il analysa des argiles pour les producteurs de porcelaine de Wedgwood et de la poudre à canon pour la Compagnie anglaises des Indes orientales et étudia les processus industriels dans les fonderies de métal du pays de Galles. Lorsqu'il eut à peu près l'âge de sa jeune correspondante, une compagnie d'assurance lui demanda un rapport sur l'inflammabilité de l'huile de baleine et l'amirauté britannique un autre sur les meilleurs moyens de sécher de la viande. C'est à peu près à cette époque, à la fin des années 1820, que Dary lui apporta des nouvelles excitantes d'un scientifique danois, Christian Oersted.

Oersted avait créé une pile voltaïque en remplissant vingt bouteilles d'acide dilué et en les reliant en série avec des morceaux de cuivre et de zinc. Puis il connecta un pôle du dispositif à un long fil et le plaça sur une boussole, parallèlement à l'aiguille. Au moment où il connecta l'autre extrémité du fil au côté opposé de la pile, l'aiguille de la boussole oscilla vers l'ouest. Lorsqu'il plaça le fil sous la boussole, l'aiguille oscilla à l'est[7].

Surmontant leur incrédulité, Dary et Faraday se dépêchèrent de refaire la démonstration tandis qu'Ampère, qui travaillait à Paris, démontra que des fils parallèles transportant des courants dans la même direction s'attiraient mutuellement comme des aimants. Si l'un des courants était inversé, les fils s'écartaient l'un de l'autre.

Une connexion si claire entre le magnétisme et l'électricité était vraiment surprenante. Ce qui était étonnant était qu'une force puisse se déplacer en cercles plutôt qu'en lignes droites. (« Électricité vertigineuse », comme l'appela un scientifique.) Rien dans la mécanique newtonienne ne le prédisait. Faraday montra qu'avec un dispositif rudimentaire utilisant le mercure et un bouchon, il pouvait faire tourner un fil électrifié autour d'un aimant ou un aimant autour d'un fil électrifié. Il venait d'inventer le moteur électrique. En faisant une boucle avec un fil et en l'attachant à une pile, elle devenait un aimant faible. S'il enroulait le fil en spirale, la force magnétique était encore plus forte, concentrée dans le centre de la bobine[8].

En quelques expériences adroites, il était passé à la pointe de la science européenne. C'est à ce point qu'il laissa les choses pendant un temps. La décennie suivante fut dominée par la métallurgie de l'acier et du cuivre et la fabrication du verre, ce qui impliqua de nouvelles

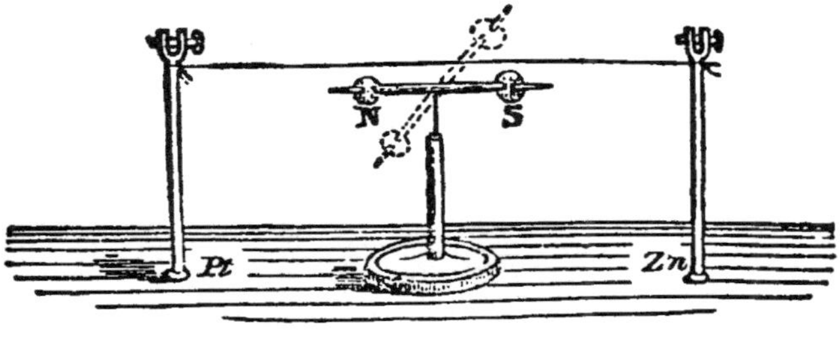

L'expérience d'Oersted.

commandes de l'ère industrielle[9]. Dans une lettre à Ampère, il se plaignait de ce qu'un grand nombre de ses journées soient « malheureusement occupées par un travail tout à fait commun[10] » au lieu de la recherche qu'il aimait tant. Il trouva un peu de temps pour des activités plus créatives, étudiant les motifs ondulatoires ou « crispations[11] » qui apparaissaient lorsqu'il dispersait une fine couche de sable ou de poudre sur la surface d'une plaque de métal et faisait vibrer son bord avec un archet. Une seconde plaque de poudre placée à côté vibre de manière solidaire. Il fit également l'expérience avec des liquides. « Si on fait vibrer au Soleil le mercure sur une plaque d'étain, on obtient de superbes effets de réflexion[12] », nota-t-il, ce qui ressemble un peu à ce qu'écrivait Newton : « La vibration de l'encre et de l'eau au Soleil est extrêmement belle. » Il ne retourna à ses piles et à ses bobines qu'en 1831.

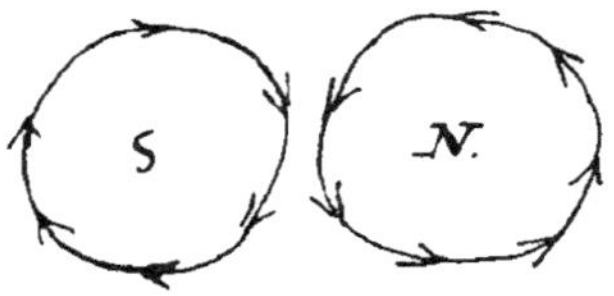

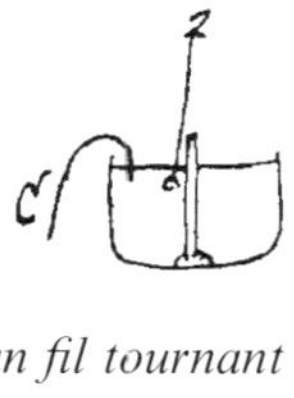

Journal de Faraday, un fil tournant autour d'un aimant.

À ce moment-là, l'électricien anglais William Sturgeon avait enroulé un fil nu autour d'un noyau en fer vernis afin de créer un électroaimant assez fort pour soutenir plus que son propre poids. En utilisant du fil isolé, l'Américain Joseph Henry créa un électroaimant capable de supporter plus d'une tonne. Un jour d'été, Faraday décida d'observer ce qui se passerait s'il plaçait deux bobines séparées à proximité. Il demanda à l'atelier de la Royal Institution de lui forger un cadre en fer en forme d'anneau de deux centimètres d'épaisseur et de quinze centimètres de diamètre. Autour d'un côté il enroula vingt-deux mètres de fil de cuivre, isolé avec de la ficelle et du tissu. Il l'appela bobine A. De l'autre côté de l'anneau, avec environ dix-huit mètres de fil, il enroula la bobine B[13].

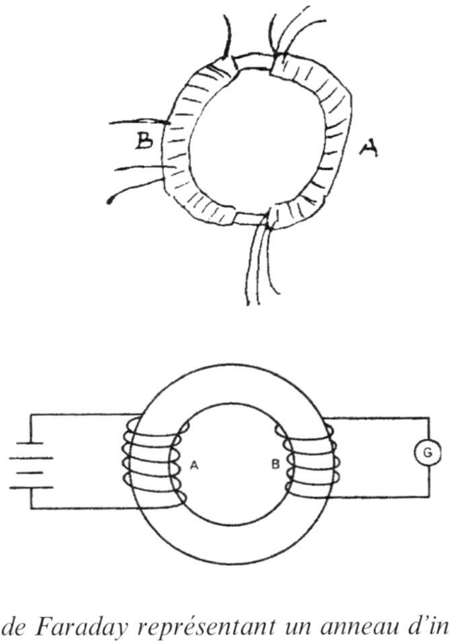

Dessins de Faraday représentant un anneau d'induction.

Il n'y avait pas de connexion directe entre les deux bobines. Pourtant, lorsqu'il toucha les fils de la première bobine avec les pôles de la pile, un galvanomètre attaché à la seconde bobine tressauta et oscilla avant de revenir à sa position d'origine. Lorsqu'il déconnecta la pile, l'aiguille bougea à nouveau. Pensant peut-être aux crispations de ses expériences acoustiques, il imagina une « onde d'électricité[14] » produite dans la première bobine passant à travers l'anneau et engendrant d'une manière ou d'une autre un courant dans la seconde bobine. Il venait de découvrir l'induction électromagnétique et d'ouvrir une porte sur un nouveau monde.

Imprimer un mouvement de va-et-vient à un aimant droit à l'intérieur d'une bobine creuse générait également un courant dans le fil. Oersted avait converti l'électricité en magnétisme, maintenant Faraday convertissait le magnétisme en électricité, fabricant la première dynamo électrique rudimentaire, l'inverse mécanique du moteur qu'il avait conçu dix ans plus tôt. L'électricité pouvait être utilisée pour produire du mouvement, le mouvement pour produire de l'électricité. Comme le dirait plus tard Einstein, quelque chose était profondément caché sous la surface de la réalité. Le travail du scientifique consiste à le mettre au jour.

En y regardant de plus en plus près, Faraday comprenait de mieux en mieux. Il avait noté qu'au fil du temps, les électrodes en cuivre de ses cellules voltaïques se tachaient peu à peu d'oxyde de zinc et que les électrodes en zinc se recouvraient de cuivre. Le flux d'électricité provenant des deux pôles de la pile devait être accompagné d'un mouvement interne d'atomes. Ce n'était pas seulement la base d'un processus industriel prometteur (placage de cuivre ou argenture d'un morceau de métal), le phénomène indiquait également une autre connexion profonde. Une pile était un creuset permettant de transformer une sorte d'énergie (chimique) en une autre : l'énergie électrique. Le processus fonctionnait également dans l'autre sens. Lorsque deux fils électrifiés, chargés positivement et négativement, étaient plongés dans une solution légèrement salée, l'hydrogène s'accumulait à un pôle et l'oxygène à l'autre. L'électricité produisait des réactions chimiques et les réactions chimiques produisaient de l'électricité.

Les scientifiques de toute l'Europe se colletaient avec ces mystères. L'eau était-elle constituée d'hydrogène et d'oxygène ? Ou bien, comme un scientifique allemand le suggéra[15], était-elle élémentaire, l'oxygène étant créé par sa combinaison avec de l'électricité positive et l'hydrogène par sa combinaison avec de l'électricité négative ? Il tenta même de relancer la théorie du phlogistique. Ce fut Faraday, plus que tout autre, qui mit fin à cette confusion. Dans les années 1830, il démontra par de nombreuses expériences comment l'électricité, le magnétisme et la chimie étaient liés les uns aux autres. Puis, quelques années avant qu'Ada Lovelace commence à le solliciter, il s'effondra.

Depuis longtemps il se plaignait de problèmes de mémoire. À ce moment-là il plongea dans une sombre dépression, incapable de se concentrer, souffrant d'étourdissements[16]. Peut-être la cause en était-elle la fatigue mentale ou un empoisonnement cumulatif dû à tous les produits chimiques qui avaient touché sa peau. Sur les ordres du médecin, il commença à refuser les invitations à s'exprimer en public et les demandes de recherches industrielles, se limitant principalement à l'écriture et à la réflexion. Une brouille avec son église, apparemment provoquée par quelque conflit entre factions, ajouta à son isolement. Puis arriva l'avalanche de lettres flatteuses de Lady Lovelace, le tentant si fortement qu'il sentit qu'il n'avait d'autre recours que d'y mettre fin : « Vous me mettez au désespoir par vos invitations », plaida-t-il, « je n'ose pas et ne dois pas venir mais trouve presque impossible de refuser [17]. »

Il est peut-être exagéré de dire que sa rencontre intime avec l'épouse de la science fut un tournant [18] mais c'est en tout cas à cette époque que les nuages commencèrent à se dissiper. Faraday, épuisé, retourna à son laboratoire pour reprendre une question qui le rongeait depuis des années [19]. Il était clair désormais que l'électricité et le magnétisme étaient étroitement liés. Mais pouvait-il également exister une connexion entre l'électricité et la lumière ?

En tant que conseiller scientifique de la Trinity House, une organisation agréée en 1514 par Henri VIII « afin de réguler le pilotage des navires dans les eaux du royaume [20] », Faraday avait travaillé à l'amélioration des puissantes lampes à huile d'Argand utilisées dans les phares le long des côtes anglaises et galloises [21]. À la fin du mois d'août 1845, il alluma une balise dans son laboratoire et prépara la voie de ce qui allait être sa plus belle expérience [22].

Lorsque la lumière se propage, elle vibre transversalement, à angle droit par rapport à la direction du mouvement. Mais si elle est réfléchie par une surface plate ou passe à travers certains cristaux comme la tourmaline, elle se polarise et ses oscillations se limitent alors à un seul plan.

Si on regarde l'un de ces rayons à travers un second cristal polarisant tout en le faisant tourner à 360 degrés, l'image passera de la lumière à l'obscurité puis à la lumière en même temps que les filtres se synchronisent et se désynchronisent.

La question que Faraday se posa alors était de savoir si un courant électrique pouvait faire tourner un rayon lumineux en faisant pivoter son plan de vibration. Remplissant une longue cuve d'une solution légèrement conductrice, il plaça des électrodes en platine à chaque extrémité et les raccorda à une batterie à cinq cellules. Le dispositif était similaire à celui qu'on pouvait utiliser pour décomposer l'eau en ses gaz constitutifs ou pour recouvrir une cuiller de cuivre. Il alluma la lampe d'Argand et fit se réfléchir sa lumière sur une plaque de verre, la polarisant. Puis il fit passer le rayon dans la solution où passait l'électricité et vérifia à nouveau la polarisation en utilisant un appareil appelé prisme de Nicol.

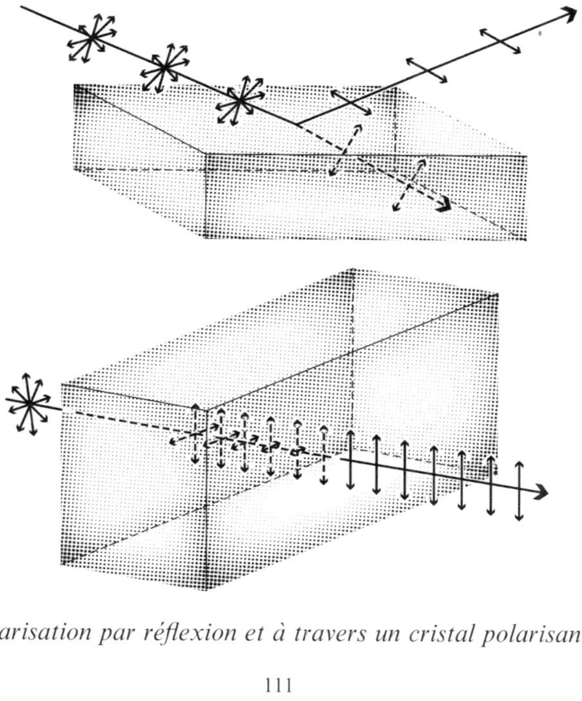

Polarisation par réflexion et à travers un cristal polarisant.

Rien ne se passa : la direction de la vibration demeurait inchangée. Il tenta l'expérience avec un courant continu, un courant intermittent puis avec un courant qu'il fit passer par différentes solutions, mais il n'y eut aucun effet perceptible. Il tenta de diriger le rayon lumineux parallèlement au courant électrique au lieu de le faire passer en travers. Toujours aucun changement dans la polarisation. Supposant que ses batteries n'étaient pas assez fortes, il réessaya avec un générateur d'électricité statique, chargeant une plaque de verre et dirigeant le rayon lumineux à travers la plaque dans toutes les directions. Toujours rien.

C'est alors qu'il décida de recourir au magnétisme. Récupérant dans ses réserves un lourd morceau de verre optique d'environ treize centimètres carrés pour un centimètre d'épaisseur, il l'installa près des pôles d'un puissant électroaimant. Il disposa la lampe et la surface polarisante afin que les ondes lumineuses horizontales passent à travers la longueur du verre. En regardant à travers le prisme de Nicol, il le fit pivoter jusqu'à ce que le rayon s'éteigne. Puis il alluma le courant. L'image de la flamme réapparut soudain. Il débrancha l'électroaimant et la flamme disparut à nouveau. Le champ magnétique faisait tourner le rayon lumineux.

Tous ses travaux précédents sur le magnétisme et l'électricité arrivaient à leur apogée. Il se lança dans ses recherches avec l'euphorie résultant d'une absorption totale.

> À présent, j'ai à peine un moment de libre pour autre chose que le travail, écrivit-il à un collègue. J'ai découvert une relation directe entre le magnétisme

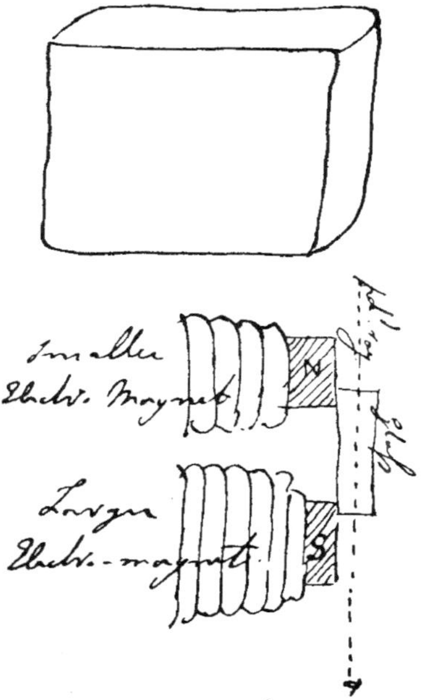

L'expérience de polarisation. Un carré de verre (en haut) est placé contre les pôles opposés, nord et sud, d'un électroaimant. Le champ magnétique fait pivoter un rayon lumineux polarisé passant à travers le verre. Extrait du journal de Faraday.

> et la lumière et entre l'électricité et la lumière et le champ que cela ouvre est tellement large et riche que je désire naturellement être le premier à l'étudier [...] Je n'ai vraiment pas le temps de te dire de quoi il s'agit car pour l'instant je ne vois personne et ne fais rien d'autre que travailler[23].

L'alignement du champ magnétique, découvrit Faraday, était d'une importance capitale. Rien ne se passait lorsqu'il plaçait un pôle Nord magnétique d'un côté du verre et un pôle Sud de l'autre côté. Il n'y avait aucun effet non plus lorsqu'il exposait les deux côtés du verre à des pôles similaires ou lorsque les mêmes pôles étaient alignés du même côté. « MAIS », écrivit-il dans son journal (comme Ada Lovelace, sous l'effet de l'adrénaline, il souligna le mot trois fois), « lorsque les pôles magnétiques opposés étaient du même côté, *un effet se produisit sur le rayon polarisé*, et cela prouvait donc que la force magnétique et la lumière avaient une relation entre elles[24]. »

Il confirma qu'un puissant aimant permanent faisait également pivoter le rayon et que d'autres matériaux transparents pouvaient être utilisés à la place du verre. Certains fonctionnaient mieux que d'autres, mais dans tous les cas le degré de rotation dépendait de la force du champ magnétique. Et lorsque la polarité du champ était inversée, le rayon lumineux tournait de l'autre côté. Le dernier fil avait été ajouté à la tapisserie. L'électricité était liée au magnétisme et le magnétisme à la lumière.

Il restait à James Clerk Maxwell, deux décennies plus tard, à démontrer avec ses fameuses équations que la lumière *est* l'électromagnétisme. S'arrêtant à peine, Faraday tenta de pousser plus loin l'unification, essayant de relier la gravité et le magnétisme, une quête qui lui échappa, comme plus tard à Einstein et à tous les scientifiques depuis. « TOUT CECI EST UN RÊVE », écrivit-il dans son journal. « Rien n'est trop merveilleux pour être vrai, à condition que cela soit cohérent avec les lois de la nature et dans ce domaine, l'expérience est le meilleur moyen de contrôler la cohérence[25]. »

Pendant tout ce temps, Ada occupait toujours ses pensées. « Vous voyez que vous faites toujours ce que vous voulez de moi », lui écrivit-il en 1851, six ans après l'avoir suppliée de partir. « Vous me demandez d'écrire et j'écris. Et j'aimerais avoir la force et être suffisamment reposé pour écrire davantage[26]. » Elle mourut l'année suivante d'un cancer du cerveau à l'âge de trente-six ans. Faraday lui survécut de quinze ans.

Chapitre 7

James Joule
Comment le monde fonctionne

James Prescott Joule

Vous serez donc surpris d'entendre que jusqu'à très récemment l'opinion générale était que n'importe qui pouvait décider de détruire la force vive de manière absolue et irrévocable. Donc, lorsqu'un poids tombe vers le sol, il a été généralement supposé que sa force vive est absolument annihilée et que le travail qui peut avoir été déployé pour le soulever à l'élévation dont il est tombé a été entièrement gâché et gaspillé, sans produire aucun effet permanent [1].

James Joule, conférence à Manchester, 1847

Nous ne savons pas à quoi pensait William Thomson en cette journée nuageuse d'août 1847, lorsqu'il se mit en route à pied pour se rendre de Chamonix à Saint-Gervais, mais cela avait probablement à voir avec la physique. Enfant prodige, il avait publié son premier article scientifique à seize ans. Il était sorti de Cambridge à vingt-deux ans et avait été nommé à la chaire de philosophie naturelle de l'Université de Glasgow et, un an plus tard, il randonnait dans les Alpes françaises en direction du Mont Blanc. Toutes les forces de la nature, en venait à croire Thomson, devaient être liées (on lui avait « inoculé le feu de Faraday[2] ») et il tournait peut-être cette pensée dans son esprit au moment où il s'approchait du virage vers le chemin élevé permettant de passer le Col du Bonhomme et rencontra le visage familier d'un autre randonneur, James Prescott Joule[3].

Joule était en lune de miel (sa femme le suivait en voiture) et portait, en tout cas c'est ce dont Thomson crut se souvenir plus tard, un long thermomètre lui permettant de mesurer la température des cascades. Si Joule avait raison, l'eau au fond de la chute devrait être légèrement plus chaude qu'en haut, ce qui signifierait que la théorie dominante sur la chaleur, la force de la nature que Thomson trouvait la plus déconcertante, était incorrecte. Il fixa un rendez-vous avec Joule quelques jours plus tard à la « Cascade de Sallanches », probablement la cascade de l'Arpenaz haute de 365 m, qui d'après les calculs de Joule devrait présenter une différence de température d'environ un degré Fahrenheit et demi (17 °C). Il y avait trop de gouttelettes pour faire un relevé précis, rapporta Thomson. Sans données, les deux hommes repartirent chacun de leur côté.

L'histoire est sans doute un peu trop belle. Bien qu'il ait effectivement rencontré Joule sur le chemin, Thomson, le futur Lord Kelvin, ne fit pas mention du thermomètre lorsqu'il écrivit à son père quelques jours plus tard de l'Hospice du Grand-Saint-Bernard. Les souvenirs ont tendance à se mélanger. Il est probable que des années plus tard, lorsque Kelvin, alors l'un des scientifiques les plus respectés d'Europe, décrivit la rencontre, il l'amalgamait à un événement antérieur.

Leurs chemins s'étaient croisés pour la première fois deux mois plus tôt lors d'une réunion scientifique à Oxford[4]. Habitué à voir ses idées ignorées, Joule, amateur autodidacte originaire de la ville industrielle de Manchester, fut ravi lorsqu'à la fin de son exposé, le jeune Thomson se leva pour faire quelques observations perspicaces. Joule était trop maladroit et réservé pour faire un bon conférencier mais au moins quelqu'un l'avait-il écouté. Thomson affirmera plus tard être resté assis et n'avoir posé ses questions qu'après. Cette fois-ci, peut-être est-ce la mémoire de Joule qui lui jouait des tours mais l'expérience qu'il décrivit avait clairement fait impression sur Thomson.

Lavoisier avait discrédité le phlogistique imaginaire, mais avant sa mort il introduisit une nouvelle invention : le calorique, nom qu'il donna à une substance invisible, un « fluide subtil » censé transporter la chaleur. L'idée semblait assez sensée. Les choses chaudes étaient remplies de calorique et, parce que le calorique avait tendance à s'étendre, il migrait naturellement vers les endroits qui n'étaient pas chauds. Si on place un tisonnier en métal dans le feu, le calorique monte le long du manche jusqu'à ce qu'on puisse sentir la chaleur dans la poignée. Les choses se dilataient lorsqu'elles étaient chauffées parce qu'elles absorbaient du calorique. Les gaz devenaient plus chauds lorsqu'ils étaient compressés car le calorique qu'ils contenaient devenait plus concentré et ils refroidissaient lorsqu'ils se dilataient parce que le calorique se dispersait.

Dans une machine à vapeur, le calorique pouvait même être exploité comme de l'eau dans un moulin pour faire un travail. Concentré dans les morceaux de charbon brûlant, le calorique passait dans la chaudière, chauffait l'eau et était transporté par la vapeur qui poussait le piston. Une fois le cycle terminé, la même quantité était rejetée dans l'air sous forme d'échappement. Comme la matière, le calorique ne pouvait être ni créé ni détruit. L'univers avait hérité d'une quantité fixe constamment transportée d'un lieu à l'autre.

C'est pourquoi Thomson trouva la présentation de Joule si dérangeante. Joule prétendait démontrer que la chaleur pouvait être créée à volonté. Plus tard ce jour-là, lors d'une réception à la Radcliff Camera, l'annexe cylindrique au dôme élégant de la Bibliothèque bodléienne, ils discutèrent des implications. « Joule se trompe, j'en suis sûr, dans un grand nombre de ses idées », écrivit Thomson à son père quelques jours plus tard, « mais il semble avoir découvert certains faits d'une extrême importance[5]. » Peu après, Joule écrivit à son nouvel ami pour lui expliquer comment utiliser une corde, un seau et un thermomètre afin de démontrer que la chaleur est générée même par une chute d'eau.

Joule n'était pas le premier scientifique à défier la notion selon laquelle la chaleur serait un fluide invisible.

C'est ici que Lavoisier ou plutôt sa veuve, Marie Anne, fait une dernière apparition dans notre histoire. Elle aussi avait passé du temps en prison mais, après la chute de Robespierre, elle avait réclamé la propriété de Lavoisier et présidait à nouveau un brillant salon fréquenté par quelques-uns des plus grands penseurs d'Europe. L'un de ses hôtes était Benjamin Thompson, exilé américain qui, du côté des perdants lors de la Révolution, avait fuit à Londres, abandonnant sa femme et son fils. Il s'installa ensuite en Bavière où il acquit le titre de comte Rumford et, après sa rencontre avec Marie Anne en 1801, décida de l'acquérir également. Elle était vive, gentille et intelligente, écrivait-il, et bien qu'elle soit, comme il l'exprimait avec tact, plutôt « en bon point[6] » (agréablement dodue), « sa fortune personnelle est considérable. »

Arrogant et lunatique, le comte n'était pas un cadeau (il avait déjà épousé une riche veuve en premières noces) et devait avoir senti que le chemin vers le cœur de Marie Anne passait par son cerveau. Il la courtisa en lui faisant le récit de ses prouesses scientifiques[7], dont beaucoup étaient liées à la chaleur : l'invention du fourneau Rumford, de sous-vêtements thermiques, d'une cafetière à filtre et plus important, la première expérience connue qui mit en doute la théorie du calorique.

Alors qu'il travaillait avec l'armée bavaroise, Rumford avait été impressionné par la grande quantité de chaleur produite lors du forage des canons en laiton. Selon la croyance populaire, le forage libérait le calorique piégé dans le métal mais Rumford avait des doutes. Il immergea un canon dans l'eau et harnacha deux chevaux pour faire tourner le foret. L'eau devint de plus en plus chaude et, après deux heures et demie, elle commença à bouillir

« grâce à la seule force d'un cheval, sans feu, ni lumière, ni combustion, ni décomposition chimique[8] ».

« Il serait difficile de décrire la surprise et l'étonnement exprimés par les visages des spectateurs lorsqu'ils virent une si grande quantité d'eau froide chauffée et portée à ébullition sans aucun feu », rapporta-t-il à la Société Royale. Il ne voyait aucune raison de douter que, tant que les chevaux tiendraient, il pourrait continuer à produire davantage de chaleur. Si le calorique existait, le canon semblait en détenir une quantité inépuisable.

D'autres étaient arrivés à la même conclusion : la chaleur n'est pas une chose matérielle mais une sorte de *vis viva* (« force vive ») ou de mouvement, « une *agitation* très *vive* et *véhémente* des parties d'un corps[9] », écrivit Robert Hooke. Le mathématicien suisse Daniel Bernoulli avait suggéré que la chaleur était une vibration de minuscules et invisibles particules de matière. Mais cette théorie était en voie de disparition et l'expérience de Rumford n'avait pas été effectuée avec suffisamment de précision pour changer l'opinion de nombreuses personnes.

Après une cour de quatre ans, Rumford persuada Marie Anne de devenir sa femme et vint habiter chez elle. Le mariage fut de courte durée. Un jour, voulant préserver sa solitude, il interdit l'entrée de la maison aux hôtes de son épouse. Elle se vengea en versant de l'eau bouillante, riche en calorique, sur ses roses. Finalement, elle lui donna entre 300 000 et 400 000 francs pour qu'il s'en aille.

Au cours des premières décennies du XIXe siècle, alors que des expérimentateurs comme Faraday démêlaient les connections électromagnétiques cachées, la nature de la chaleur, si familière, banale et puissante, restait obstinément obscure. D'une manière ou d'une autre, lors de son passage par une machine à vapeur, ce rien mystérieux pouvait littéralement faire bouger la terre. Des pompes à vapeur aspiraient des tonnes d'eau de puits de mine, révélant de profonds filons de charbon qui actionnerait des locomotives, des usines et des fabriques. Les excavateurs à vapeur creusaient des tas de minerai de fer qui permettrait de forger des outils et des machines. Grâce à une source d'énergie si abondante et mobile, la petite économie industrielle propulsée par l'eau, née avec les moulins, le long des cours d'eau du Nord de l'Angleterre,

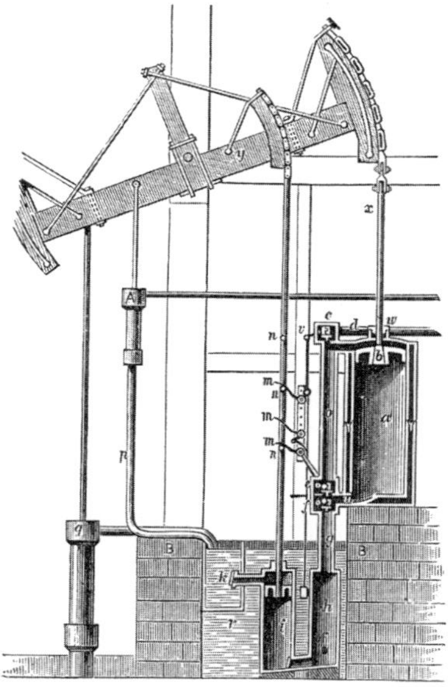

Une machine à vapeur de la fin du XVIIIe siècle réalisée par James Watt.

commença à se répandre au sud, dans les plaines. À Manchester, où Joule était né en 1818, il y eut bientôt des machines à vapeur partout, crachant de la fumée et actionnant leurs roues. Le principe de base de ces appareils était bien compris, une tête de vapeur à haute-pression poussait un piston qui servait à actionner une roue, mais personne ne savait quelles lois de la nature rendaient la chose possible. De même, plus tard, le réacteur nucléaire fut développé par des essais et des erreurs sans que personne ne comprenne les lois physiques impliquées dans le phénomène.

Le principe des vieux moulins à eau semblait assez clair. L'eau coulait rapidement du haut d'une roue à aubes vers le bas et ressortait en bas à un rythme plus lent. Une partie de son « effort » ou *vis viva*, était utilisée

Une roue à eau.

pour faire tourner la roue. Plus la différence entre la vitesse entrante et la vitesse sortante était grande, plus l'énergie extraite de la chute d'eau était importante.

Des ingénieurs comme le Français Lazare Carnot avaient fait des recherches pour rendre les moulins à eau les plus efficaces possible. En 1824, son fils, Sadi Carnot, qui portait le nom d'un poète perse, proposa une comparaison : une machine à vapeur est comme une roue à aubes où l'eau est remplacée par le calorique « tombant » le long d'une pente allant du chaud au froid. Il décrivit sa théorie dans un traité peu connu à l'époque, *Réflexions sur la puissance motrice du feu.* La vapeur pénétrait dans la machine à une température très élevée et sortait à une température beaucoup plus faible. En augmentant la différence au maximum, on pourrait tirer du combustible autant de travail que la physique le permettait. On pouvait également faire le cycle à l'envers : effectuer un travail pour pomper la chaleur à l'envers en remontant (ce que fait un réfrigérateur moderne avec l'énergie qu'il prend de la prise de courant murale).

L'analyse de Carnot marqua le début de ce que Kelvin appellera la thermodynamique sans mettre en doute l'idée que la chaleur était une substance, le calorique, qui, comme l'eau passant à travers une roue, n'était ni créée ni détruite. Adolescent, Joule apprit certainement tout cela de son précepteur, John Dalton, autre habitant de Manchester dont les expériences de chimie avaient établi le fondement de la théorie atomique moderne. Le père de Joule, un riche brasseur, avait engagé le chimiste pour donner des cours privés à James et à son frère. Devenant rapidement un petit scientifique enthousiaste, James transmit des chocs à ses camarades avec des bouteilles de Leyde et expérimenta l'électricité sur un cheval boiteux et sur une servante, qui reçut un tel choc qu'elle s'évanouit[10]. À dix-neuf ans, il travaillait à la brasserie et bricolait avec des bobines et des aimants en espérant inventer un moteur électrique plus puissant qu'un moteur à vapeur et plus économique.

Pour alimenter l'appareil, Joule utilisait des cellules voltaïques dans lesquelles deux électrodes, une en zinc, l'autre en cuivre, étaient plongées dans de l'acide sulfurique dilué. Dans une pile comme celle-ci, l'acide corrode le zinc en libérant des électrons. Si on connecte un moteur entre les pôles, un courant circulera, magnétisant les bobines qui font tourner le rotor.

Joule remarqua rapidement que la force d'un électroaimant augmentait selon le carré du courant. En doublant le nombre de piles, l'énergie quadruplait. La possibilité que la même chose soit vraie pour un moteur électrique doit avoir semblé aussi sensationnelle que la fusion froide dans les années 1980. « Je suis presque sûr que l'électromagnétisme finira par se substituer à la vapeur pour propulser les machines[11] », déclara Joule avec l'enthousiasme d'un jeune homme de vingt ans, pas encore habitué aux problèmes posés par le monde matériel. « Le coût de fonctionnement du moteur pourra être réduit à l'infini. » À part quelques obstacles mineurs tels que la résistance de l'air et le frottement, il croyait que « rien ne pourrait empêcher une immense vitesse de rotation et donc une immense puissance[12] ».

La réalité n'était pas aussi conciliante. Le premier moteur de Joule était à peine assez puissant pour tourner sur lui-même[13]. Il tenta diverses dispositions de bobines et de piles et entoura différentes sortes de fil autour de diffé-

Fig. 8. Scale $\frac{1}{18}$.

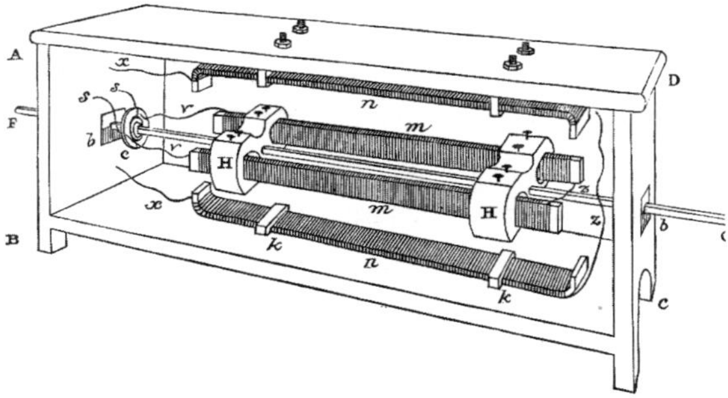

Le moteur électrique de Joule.

rentes sortes de noyaux mais continua à se heurter à la volonté de la nature. Plus on met de courant dans le moteur, plus la bobine chauffe. En fait, Joule découvrit que la chaleur augmentait également selon la loi des carrés. Si on double le nombre de piles, on quadruple la chaleur. C'était une équation perdante. La dure vérité est qu'on ne peut pas obtenir plus d'énergie d'un système que ce qu'on y met. On peut seulement convertir l'énergie en une forme d'énergie différente.

En 1841, la leçon avait été parfaitement intégrée. Les meilleures machines à vapeur du monde pouvaient extraire suffisamment de *vis viva* d'une livre [14] de charbon pour soulever 1,5 millions de livres [15] à un pied au-dessus du sol ou une livre à 1,5 millions de pieds [16] au-dessus du sol. Une livre de charbon, en d'autres termes, représentait 1,5 millions de pied-livre [17] de travail. Le meilleur moteur de Joule alimenté par pile ne pouvait extraire qu'un cinquième d'une livre de zinc et le zinc coûtait soixante à soixante-dix fois plus cher que le charbon. « La comparaison est si défavorable », se lamenta-t-il, « que j'avoue être sur le point de désespérer du succès des attractions électromagnétiques comme source économique d'énergie[18]. »

Aujourd'hui bien sûr les moteurs électriques alimentés par le réseau ont supplanté les machines à vapeur dans les usines du monde entier. Mais en fin de compte leur énergie provient de la vapeur. Dans une centrale électrique, c'est la combustion du charbon ou du gaz ou encore la fission de l'uranium qui permet de faire bouillir l'eau actionnant les turbines pour qu'elles fassent tourner les dynamos qui créent l'électricité.

Pour quelqu'un essayant de réaliser des moteurs, la chaleur était une nuisance mais Joule commençait à comprendre une vérité plus importante : il existait une connexion fondamentale entre la chaleur et le travail. Un fil court-circuité entre les pôles d'une pile devient rapidement si chaud que l'isolant fume. Mais si on insère un moteur dans le circuit, le fil reste plus froid : le travail est accompli au détriment de la chaleur. La même chose était vraie si on utilisait la pile pour effectuer une électrolyse de l'eau, la divisant en hydrogène et oxygène ou pour galvaniser une cuiller.

Le calorique circulait peut-être avec l'électricité depuis la pile mais la pile ne semblait pas devenir plus froide. Les preuves tendaient plutôt à démontrer que la chaleur n'était pas un élément préexistant mais était générée sur le moment. En 1843, Joule commença à tester son hypothèse.

L'idée consistait à placer une bobine dans un tube en verre isolé rempli d'eau et à la faire tourner grâce à une manivelle manuelle[19]. Il poserait à côté deux puissants électroaimants récupérés sur ses moteurs électriques. Le résultat était un générateur. Les fils de la bobine étaient connectés à un galvanomètre pour mesurer le courant produit. (Afin d'éviter que les fils ne s'enroulent, il imagina un embrayage fait de mercure disposé dans deux fentes semi-circulaires.) Il mesura la température de l'eau, tourna la manivelle pendant quinze minutes sans interruption puis mesura à nouveau la température.

C'était une opération très délicate. Il dut s'adapter à certains paramètres tels que l'effet refroidissant de l'air et les changements de la température de la pièce et tenir compte du fait que le courant induit dans la bobine tournante n'était pas constant mais pulsatoire. Il essaya différentes forces d'aimants, différents nombres de piles et lorsqu'il eut terminé, il était convaincu que le fait de tourner la manivelle rendait l'eau légèrement plus chaude. En comparant les relevés du galvanomètre et ceux du thermomètre, il observa une relation familière : en doublant le courant, la chaleur était multipliée par quatre.

Fig. 44. Scale $\frac{1}{12}$.

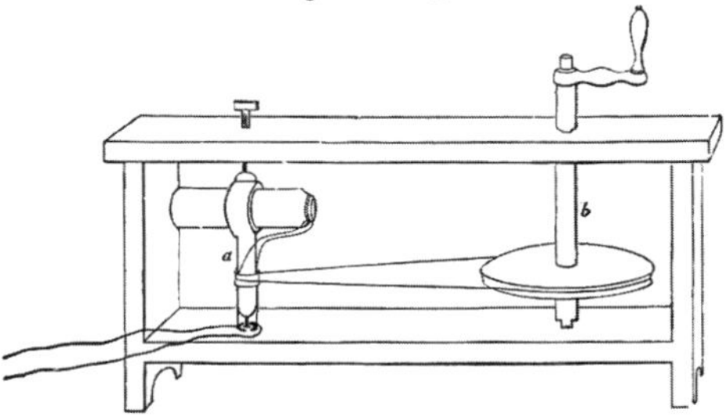

Le générateur de Joule. Les électroaimants ne sont pas visibles.

La bobine n'était pas connectée à une pile. Alors d'où provenait le calorique ? La seule source possible de chaleur était le travail de Joule pour tourner la manivelle. Comme dans l'expérience de Rumford avec le canon, le mouvement circulaire était converti en une sorte de mouvement différente : de minuscules vibrations matérielles que nos doigts ressentent comme de la chaleur.

Pour convaincre les sceptiques, Joule savait qu'il devrait aller plus loin. Combien de pied-livre faut-il précisément pour produire une quantité donnée de chaleur ? Il repensa l'appareil d'origine, enroulant deux longs morceaux de ficelle autour de l'axe de la manivelle, dans deux sens différents. Chacun passait sur une poulie et était attaché à un plateau portant un poids. Lorsque les poids tombaient, la bobine tournait et générait de l'électricité et de la chaleur[20].

Après avoir essayé différents poids tombant de différentes hauteurs (pour leur donner assez de place, il creusa deux trous dans son jardin), il estima que l'effort mécanique contenu dans une masse de 838 livres[21] suspendue à un pied[22] du sol produit assez de chaleur pour augmenter d'un degré Fahrenheit[23] une livre d'eau. Pour chaque livre, la température d'une chute d'eau de 838 pieds[24] de hauteur (les chutes du Roi Édouard VIII en Guyane sont à peu près de cette hauteur), devrait être d'un degré de plus en bas qu'en haut.

En août 1843, il décrivit ses résultats lors d'une conférence scientifique à Cork, en Irlande mais comme il le dira plus tard, « le sujet ne retint pas vraiment l'attention générale[25] ». L'enchevêtrement de plusieurs phénomènes (électricité, magnétisme, chaleur, mouvement) avait peut-être obscurci l'objet de sa présentation et Joule lui-même

Fig. 51.

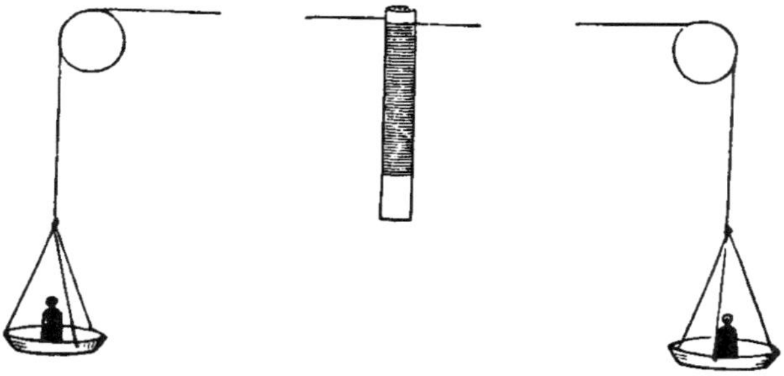

Des poids et des poulies pour actionner la manivelle du générateur.

ne dut pas être d'une grande aide. Il avait encore besoin d'une expérience plus impressionnante qui parlerait d'elle-même, une expérience plus simple, plus élégante avec des lignes plus claires.

En 1847, au moment de la réunion d'Oxford où il rencontra William Thomson, Joule détenait sa preuve[26]. L'après-midi était déjà bien avancé alors on lui demanda d'être bref. Il avait apporté son nouveau dispositif de Manchester et l'installa sur une table de la salle de conférence : une cuve en cuivre recouverte d'étain. Le couvercle, en étain également, comportait un trou au centre pour accueillir l'axe d'une roue à aube en laiton et un autre trou dans lequel on pouvait insérer un thermomètre.

Joule expliqua qu'il avait rempli la cuve d'eau et installé les poids, les cordes et les poulies pour faire tourner l'aube. Autour de la paroi interne du récipient, des chicanes en laiton résistaient au mouvement circulaire de l'eau, augmentant le frottement. Plaçant un poids de 29 livres[27] dans chaque plateau, il les fit monter de

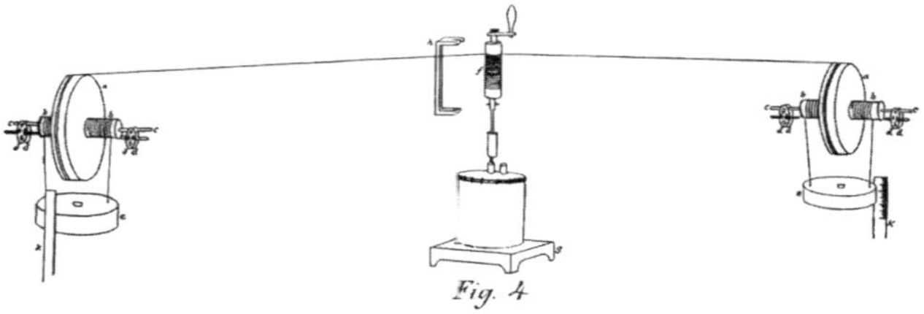

La version perfectionnée de l'expérience de Joule.

5,25 pieds[28] au-dessus du sol et les laissa tomber. Puis il rembobina le fuseau et fit à nouveau tomber les poids, répétant la procédure vingt fois. L'ensemble du travail utilisé pour agiter l'eau s'élevait à 6 090 pied-livre[29] : 58 livres[30] de poids soulevés à 105 (20 × 5,25) pieds[31] de hauteur. Il effectua l'expérience neuf fois, trouvant à la fin que la température de l'eau avait augmenté d'une moyenne de 0,668 degrés Fahrenheit[32].

Il supposa qu'une partie de la force des poids chutant avait été gaspillée pour surmonter le frottement des poulies et de la corde. Pour estimer en quelle quantité, il prit un rouleau du même diamètre que le fuseau et l'entoura d'un tour de ficelle, suspendant ses poids aux deux extrémités. Ajoutant petit à petit de plus petits poids d'un côté, il découvrit qu'il fallait environ 7,2 onces[33] (3 150 grains) pour rompre l'équilibre et faire bouger la roue.

En prenant également d'autres facteurs en compte, il améliora son calcul antérieur : pour réchauffer une livre d'eau d'un degré, il fallait 781,5 pied-livre[34] d'effort, un chiffre qu'il affinera plus tard à 772 pied-livre[35]. Inversement, une différence de température d'un degré Fahrenheit a le potentiel, à condition de pouvoir l'exploiter, de soulever un poids d'une livre de 772 pieds[36] (235 m) au-dessus du sol.

Cette fois-ci, il n'y avait ni bobines ni piles pour troubler le message. La chaleur et le travail n'étaient pas seulement reliés, ils étaient une seule et même chose : deux manières différentes de convertir l'« effort » ou *vis viva* (l'énergie, comme nous l'appelons aujourd'hui) en mouvement. Le travail était le résultat d'une force utilisée pour déplacer quelque chose sur une distance : un cheval tirant une charrette. C'était de l'énergie structurée au service d'une utilisation productive. La chaleur, en revanche, était un travail improductif, sans direction, non structuré, de l'énergie dissipée sous forme de vibrations microscopiques et aléatoires. Lorsque la théorie atomique se développerait encore, l'image deviendrait plus frappante : la chaleur est la vibration des atomes.

C'était une notion extraordinaire, à peine comprise : Joule dépensait cette chose appelée énergie en soulevant un poids du sol et lorsque le poids tombait, il la rendait. Relié à un générateur, le travail peut être converti en courant électrique, pouvant lui-même être utilisé pour actionner un moteur et pomper de l'eau en amont, vers un réservoir d'où elle peut couler en aval et faire tourner une roue à eau, qui peut être utilisée à son tour pour remonter un ressort d'horloge géant. Mais à chaque étape, une part de l'énergie est perdue sous forme de chaleur. Et si le poids tombe sans effectuer de travail, on obtient seulement de la chaleur provenant de l'impact avec le sol et de la résistance de l'air. Ce n'était pas le calorique qui devait toujours être conservé mais l'énergie.

Une fois qu'il eut admis la découverte de Joule, Thomson fit des suppositions sur ses implications. Bien que la chaleur ne disparaisse pas de l'univers, elle se dégrade peu à peu, passant du chaud au froid et ne revenant jamais, « irrémédiablement perdue[37] ».

Cela impliquait, réalisa-t-il, que le monde avait été extrêmement chaud à une époque et deviendrait inévitablement plus froid : « Durant une période de temps finie dans le passé, la Terre a dû être impropre à l'habitat humain et le sera à nouveau durant une période de temps finie à venir[38]. »

La même chose était vraie pour l'univers. Il a commencé par une explosion et n'a cessé de décliner depuis. Tout cela fut compris en étudiant les machines à vapeur.

Chapitre 8

Albert Michelson
Perdu dans l'espace

Albert Michelson

Il n'existe pas de points de repère dans l'espace ; une partie de l'espace ressemble exactement à toutes les autres, de sorte qu'il est impossible de savoir où nous nous trouvons. C'est comme de se trouver sur une mer d'huile, sans étoiles, sans boussole, sans bruit, sans vent ni marée et il est impossible de savoir dans quelle direction nous allons. Nous n'avons pas de loch à jeter pour faire l'estime ; nous pourrions calculer notre rythme de progression par rapport aux corps voisins mais nous ne savons pas à quelle vitesse ces corps se déplacent dans l'espace [1].

James Clerk Maxwell

Pour un ancien marin comme Albert Abraham Michelson, ce que décrivait Maxwell était un cauchemar : dériver par une nuit sans vent, sans aucune étoile pour vous guider. Michelson avait appris la physique dans sa jeunesse au sein de l'U.S. Navy, à la fois à l'Académie d'Annapolis et en mer, en pratiquant l'art de la navigation. Il fallait oublier Copernic, penser comme Ptolémée. Vous et votre bateau étaient au centre et les étoiles en orbite, vos guides. Pour calculer votre position, vous tiendrez compte de la rapidité de votre navire, en vous adaptant à la vitesse et à la direction du vent. Mais aussi perdu et désorienté que pouvait se sentir un jeune aspirant, il savait que son bateau devait se trouver dans le viseur d'un œil pieux, à une latitude et une longitude précises. La même chose était sûrement vraie pour la navigation dans l'univers. Il devait exister une sorte de standard, quelque chose de fixe à quoi se référer pour prendre des mesures.

Du moins l'espérait-il. Nous étions en 1885 et depuis plusieurs semaines, Michelson était lui-même à la dérive et vivait à l'Hôtel Normandie à New York, aux mains d'un grand psychiatre[2]. Son cerveau s'était ramolli[3], raconta son collaborateur Edward Morley, il était plein d'entrain un moment, déprimé l'instant suivant. Sa femme tenta de le faire interner dans un asile. Ses enfants avaient peur de lui. Le médecin décida finalement qu'il n'avait rien de dangereux. Mais Michelson était manifestement un homme obsédé par la lumière et la couleur, par la manière dont les rayons entrant en collision provoquaient le scintillement irisé des ailes d'un insecte. Il imagina une musique luminescente, où le musicien serait assis à un clavier et jouerait des notes visuelles du spectre, des accords et des arpèges de couleur, « rendant toutes les fantaisies, les humeurs et les émotions de l'esprit humain[4] ».

En novembre 1885, Michelson, frénétique, se prépara à retourner à son laboratoire de l'université Case des sciences appliquées à Cleveland et découvrit que son poste avait été pourvu et qu'il devrait accepter une réduction de salaire. Il revint quand même chez lui, emménagea dans la pièce du fond d'une maison où il ne se sentait plus le bienvenu et prépara sa plus grande expérience, utilisant les rayons lumineux pour chronométrer la vitesse de la Terre par rapport à la toile de fond de l'espace intersidéral.

Dans les *Discours concernant deux sciences nouvelles*, Galilée avait suggéré comment déterminer si la lumière est instantanée ou se déplace à une vitesse finie[5]. Au sommet d'une colline la nuit, un expérimentateur fera clignoter une lumière vive vers une colline distante où un assistant attendant le signal répondra en faisant également clignoter une lumière. S'il n'y avait pas de délai apparent, on pourrait en conclure que, « si elle n'est pas instantanée, la lumière est très rapide ».

Aucunes collines sur terre ne sont assez éloignées pour le prouver avec certitude mais dans les années 1670, l'astronome danois Ole Roëmer trouva un moyen d'effectuer cette mesure à travers le système solaire[6]. Braquant son télescope sur Jupiter à certains moments de l'année, il remarqua que sa lune la plus proche, Io, semblait ralentir dans son orbite. Ceci, conjectura Roëmer, était dû au fait que, comme Jupiter et ses lunes s'éloignaient de la Terre, leur lumière mettait plus longtemps à nous arriver. Prenant en compte ce qu'on savait alors des distances planétaires, il découlait de ses observations une vitesse de la lumière de 225 000 kilomètres par seconde[7].

C'était une conclusion audacieuse (Kepler et Descartes étaient sûrs que la lumière se déplaçait à une vitesse infinie) qui ne fut pas confirmée avant un demi-siècle, lorsqu'un astronome anglais, James Bradley, découvrit le phénomène appelé aberration de la lumière[8]. En suivant la trajectoire de l'étoile Gamma Draconis, il découvrit qu'elle s'éloignait de sa position prévue, se déplaçant vers le sud sans interruption de septembre à mars puis de nouveau vers le nord. Après avoir écarté d'autres possibilités, il trouva l'explication : au moment où la lumière de l'étoile atteignait son télescope, la Terre avait changé de position. Comme un chasseur de canards ouvrant la marche avec son fusil, un astronome doit ouvrir la marche avec son télescope. Selon les données de Bradley, la lumière se déplacerait à 294 447 kilomètres par seconde.

En 1849, le physicien français Armand-Hippolyte-Louis Fizeau fit une mesure plus directe avec une version sophistiquée des lanternes clignotantes de Galilée[9]. Depuis une maison située dans la banlieue ouest de Paris, il projeta un rayon lumineux vers un miroir placé au sommet de Montmartre, qui le réfléchissait à nouveau. Intercalée sur le chemin se trouvait une roue dentée tournant rapidement et dotée de 720 dents usinées avec précision. Lorsque la vitesse de rotation était parfaitement fixée, la lumière, allant et venant, passait à travers un espace dans la circonférence de la roue et apparaissait dans l'oculaire de Fizeau comme « un point lumineux semblable à une étoile. » En faisant tourner la roue un peu plus vite ou un peu moins vite, le rayon était éclipsé. À

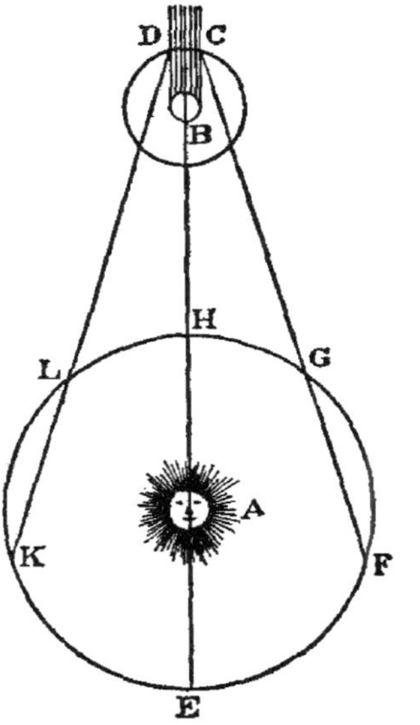

Fig. 70.

Un graphique de Roëmer représentant Jupiter (B) éclipsant sa lune Io (DC) vu depuis différents points de l'orbite de la Terre autour du Soleil.

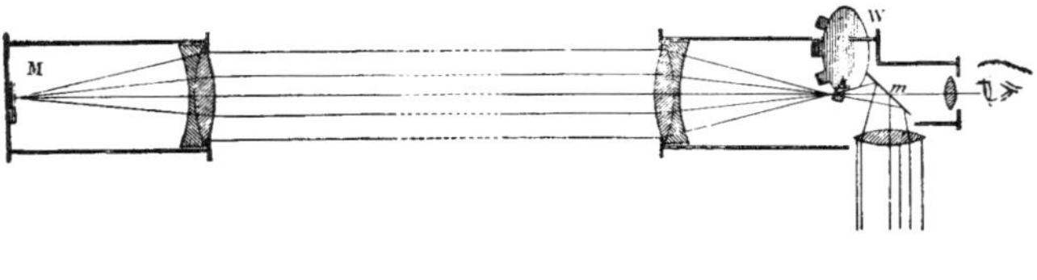

L'expérience de Fizeau. La lumière est projetée entre les dents d'une roue dentée tournant rapidement vers un miroir (M) qui la renvoie à nouveau à travers la roue.

partir de la longueur de la trajectoire de la lumière et de la vitesse de la roue, Fizeau estima la vitesse de la lumière à environ 315 400 kilomètres par seconde.

Treize ans plus tard, son rival Léon Foucault peaufina l'expérience en remplaçant la roue dentée par un miroir tournant incliné[10]. Aux deux étapes de son parcours, le rayon heurtait le miroir à des points légèrement différents de sa rotation. La mesure du minuscule décalage donna une vitesse de la lumière de 297 700 kilomètres par seconde.

Michelson aura appris tout cela à l'Académie navale d'Annapolis, où il était arrivé en 1869 par un itinéraire compliqué[11]. Fils aîné d'immigrés polonais, il était venu vivre avec sa famille en Californie où son père ouvrit une mercerie dans un camp d'extraction d'or. Puis ils suivirent la ruée vers l'argent au Nevada et après le lycée, Albert postula à l'Académie. Ne réussissant pas à obtenir un rendez-vous avec son élu du Congrès, il eut l'audace de prendre un train pour Washington et de persuader le président Ulysses S. Grant d'intervenir. En 1874, Michel-

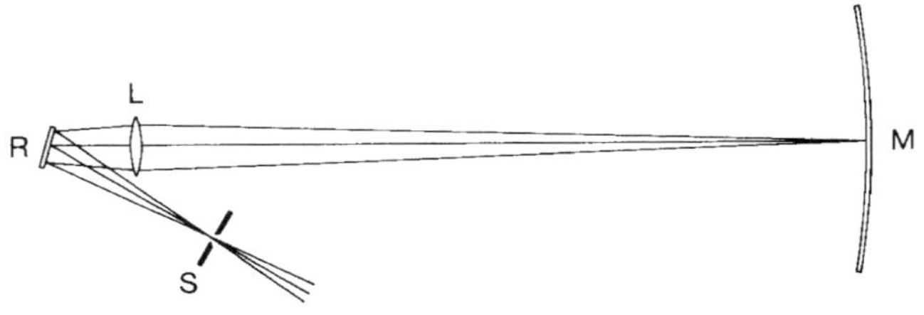

L'expérience de Foucault. La lumière de la source (S) ricoche contre le miroir tournant (R) puis passe à travers la lentille (L) vers un deuxième miroir (M). Au moment où le rayon revient, le premier miroir s'est déplacé, provoquant une légère déviation.

son était aspirant à bord du USS *Worcester*, sur le point de devenir professeur de physique et de chimie à Annapolis. C'est là qu'il rencontra Margaret Heminway, nièce d'un officier qui dirigeait le département de physique et fille d'un magnat de Wall Street. Ils se marièrent en 1877 et un an plus tard, grâce aux 2 000 $ donnés par son beau-père, Michelson commença à préparer sa première grande expérience.

Dans la tentative de Foucault de chronométrer un rayon lumineux, le déplacement du miroir tournant de moins d'un millimètre était très difficile à mesurer. Michelson savait que s'il pouvait projeter un rayon sur une trajectoire beaucoup plus longue (celle de Foucault ne faisait que vingt mètres), le temps de décalage serait d'autant plus grand. Le rayon revenant heurterait le miroir plus tard dans son cycle, causant une plus grande déviation et, il l'espérait, une valeur plus précise pour la vitesse de la lumière[12].

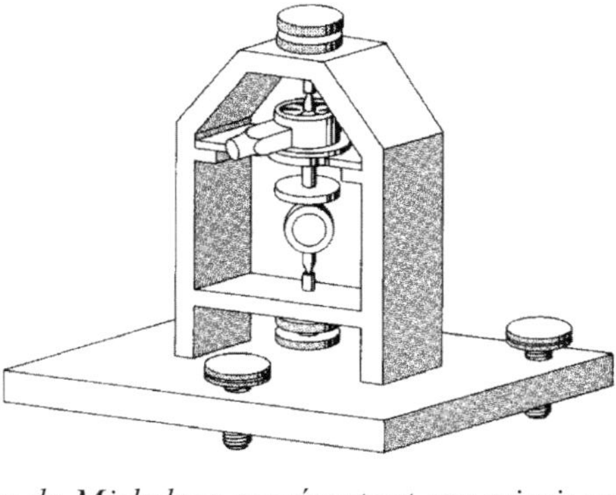

Dessin de Michelson représentant son miroir rotatif.

Il commença par placer deux miroirs, l'un pivotant et l'autre immobile, à environ 2 000 pieds [13] l'un de l'autre le long de la digue nord du campus. Pour mesurer la séparation avec précision, il utilisa un ruban d'acier calibré selon une copie du « yard standard ». Maintenant le ruban à plat le long du quai à l'aide de poids en plomb et faisant beaucoup d'efforts pour garantir qu'il soit étiré avec une tension constante, il fit plusieurs relevés. Rectifiant en fonction de l'effet de la température sur la dilatation et la contraction du ruban, la distance entre les miroirs s'avéra être de 1 986, 23 pieds.

Tout devait être parfaitement en ordre. Pour ajuster la position du miroir immobile, celui qui ferait rebondir le rayon lumineux sur le long trajet, il utilisa un télescope et un instrument d'arpentage nommé théodolite. Pour chronométrer la vitesse du miroir pivotant, il se servit d'un diapason électrique (qu'il avait méticuleusement calibré sur un diapason standard). Un petit miroir en acier était attaché à une des dents, reflétant une image du dispositif tournant. Lorsque la fréquence de vibration coïncidait avec la vitesse de rotation, l'image se figeait de manière stroboscopique.

Utilisant un ventilateur propulsé à la vapeur pour faire tourner le miroir à 256 tours par seconde et la lumière du Soleil concentrée à travers une lentille, il mesura que la déviation à la fin de la trajectoire de la lumière était de 133 millimètres, « soit 200 fois ce qu'obtint Foucault [14] ». Quelques calculs fournirent une vitesse de 299 940 kilomètres par seconde, juste légèrement supérieure à la valeur admise aujourd'hui de 299 792,458 kilomètres par seconde. (Les scientifiques sont tellement sûrs de ce nombre que le mètre est maintenant défini en fonction de la vitesse de la lumière plutôt que l'inverse.)

« Il semblerait que le monde scientifique d'Amérique soit destiné à être orné d'un nouveau nom brillant », observa le *New York Times*, prédisant que la vitesse de la lumière serait bientôt mesurée « avec presque autant de précision que la vitesse d'un projectile ordinaire[15] ».

Au moment où Michelson imprimait sa marque avec son indicateur de vitesse optique, les scientifiques pensaient avoir réglé la question de savoir si la lumière était constituée de particules ou d'ondes. Newton avait imaginé la lumière comme des « corps globulaires » et tenta même d'expliquer la réfraction de cette manière. En passant par un prisme et en retournant dans l'air, des particules de différentes couleurs tourneraient de manières différentes, comme une « balle de tennis frappée par une raquette oblique[16] ».

Il était plus difficile de comprendre le phénomène appelé anneaux de Newton, une cible constituée d'anneaux sombres et lumineux qui apparaissait lorsqu'on pressait un morceau de verre plat et un morceau courbé l'un contre l'autre. En essayant de se raccrocher aux branches, Newton émit la théorie selon laquelle les couleurs étaient dues à des particules de lumière subissant « des accès de facile réflexion et de facile transmission[17] ».

On n'établit pas de meilleure théorie avant 1801, lorsque Thomas Young (dans sa célèbre expérience des fentes) montra comment deux faisceaux lumineux se chevauchant peuvent interférer l'un avec l'autre, produisant un motif similaire. Ceci ne pouvait s'expliquer, suggéra Young, que par des ondes. Les sections plus lumineuses étaient produites lorsque deux crêtes d'onde se chevauchaient, les sections plus sombres lorsque les crêtes étaient déphasées. Après d'autres expériences de confirmation, la théorie des ondes fut presque considérée comme parole d'évangile mais il restait une question ennuyeuse : d'où provenaient les ondes ?

La réponse qui émergea était un autre de ces impondérables : de l'« éther luminifère », un quelque chose ineffable qui imprégnait tout, même les espaces entre les atomes. Aussi raréfié que le néant lui-même, l'éther était censé avoir la capacité de vibrer et de transmettre la lumière. Plus fondamentalement, il promettait un antidote au cauchemar du marin céleste. Dérivant à travers l'espace, nous ne pouvons déterminer notre position ou notre vitesse par rapport aux étoiles voisines car les étoiles se déplacent également. Mais tout pouvait être mesuré par rapport à l'éther.

En 1880, deux ans après sa célèbre expérience à Annapolis, Michelson prit un an de congé de la marine pour étudier en Europe[18]. S'installant à Paris avec sa famille, où Margaret était venue terminer ses études, il

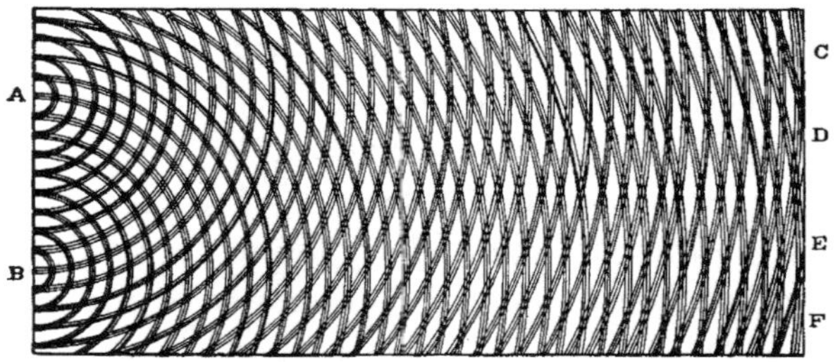

Le motif d'interférence de Thomas Young.

se concerta avec des physiciens français à propos d'un projet destiné à mesurer le mouvement de la Terre par rapport à l'éther. S'il avait raison, un faisceau lumineux envoyé dans la même direction que le mouvement de la Terre autour du soleil devrait être un peu ralenti par un vent d'éther. Pour faire une telle démonstration, il faudrait mesurer la vitesse de la lumière dans le vent et à l'abri du vent et comparer les deux. Mais cela posait un problème. Chaque faisceau devrait rebondir sur un miroir, comme dans l'expérience d'Annapolis, pour que la déviation puisse être observée. Tout changement de vitesse lors du trajet aller serait neutralisé au retour. (Nager à contre-courant puis dans le sens du courant prend le même temps que de nager en descendant puis en remontant.)

Mais que se passerait-il, proposa-t-il, si les balises étaient envoyées perpendiculairement, une dans la direction de l'orbite terrestre et l'autre en travers ? Si un nageur, expliqua Michelson, « lutte contre le courant puis revient en descendant tandis que l'autre, couvrant la même distance, traverse simplement la rivière et revient, le deuxième nageur gagnera toujours, *s'il y a du courant dans la rivière*[19] ».

Ou dans le cas des rayons lumineux, s'il y a un vent d'éther.

S'installant à Berlin plus tard cette même année, il commença à assembler son appareil[20]. L'optique artisanale coûtait cher mais avec l'aide d'un collègue de retour aux États-Unis, Michelson obtint une subvention d'Alexander Graham Bell.

Dans l'expérience, la lumière d'une lanterne sera fixée sur un miroir à demi argenté, qui divisera le rayon en deux

« crayons » lumineux, allant dans des directions perpendiculaires. Passant le long de deux bras en laiton finement usinés, d'un mètre de long chacun, ils ricocheront sur les miroirs et reviendront ensemble à nouveau. Si les rayons se déplaçaient à des vitesses différentes, ils seraient légèrement déphasés, les crêtes de leurs ondes ne s'alignant pas tout à fait.

Le résultat serait un effet d'interférence tel que celui décrit par ThomasYoung : un motif de lignes sombres et lumineuses ou « franges ». Si on fait pivoter l'instrument de quatre-vingt-dix degrés, changeant son orientation par rapport à la rivière de l'éther, les franges devraient se déplacer. En prenant en compte la vitesse de la Terre par rapport à l'éther et la longueur d'onde de la lumière, il prévoyait un déplacement d'au moins un dixième de frange, une distance qu'il était sûr de pouvoir mesurer.

Dans une expérience aussi délicate, la moindre vibration peut faire dévier les trajectoires et altérer les résultats. (« L'instrument était si extraordinairement sensible », écrivit-il plus tard, « que si quelqu'un tapait du pied sur le trottoir à cent mètres de l'observatoire, cela faisait presque entièrement disparaître les franges[21] ! ») Pour stabiliser l'appareil, l'interféromètre, il l'arrima à un socle en pierre. Pour minimiser les différences de température qui pourraient provoquer la dilatation ou la contraction des bras en laiton, il les couvrit de boîtes en carton et tenta même d'entourer le dispositif de glace fondante. Ces précautions ne furent pas suffisantes. Même après minuit, à cause de l'animation de Berlin, il fut impossible d'effectuer un relevé.

En quête d'un environnement plus calme, il déménagea à Potsdam et installa son instrument dans la cave de

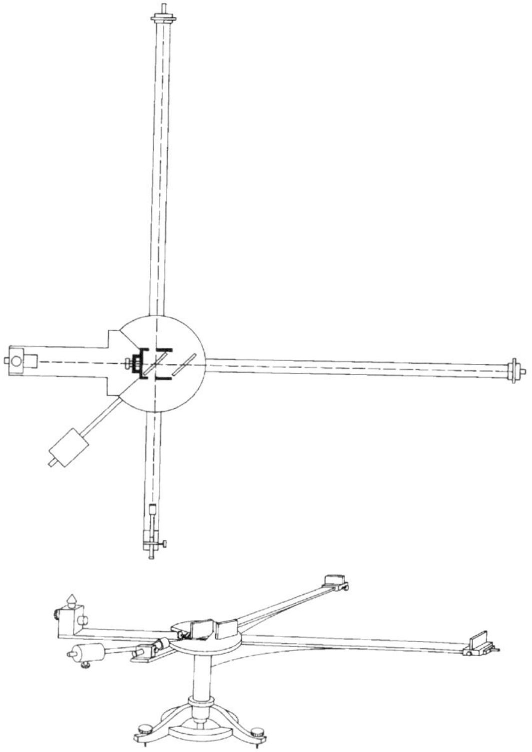

Le premier interféromètre de Michelson, vu d'en haut et de côté.

l'Observatoire d'astrophysique. D'abord, lorsqu'il fit pivoter l'appareil, il pensa observer un important décalage des franges. Puis il se rendit compte qu'il incurvait par mégarde les bras en laiton. Il régla le pivot pour qu'il puisse bouger plus librement et réessaya.

Jour après jour, il prit des mesures, tournant son interféromètre dans un sens et dans l'autre mais il ne put rien trouver de plus qu'un minuscule décalage (1/100 de frange), si faible qu'il ne put que l'écarter comme étant une erreur expérimentale. C'était alors le début du mois d'avril, moment où la Terre se déplace dans la même direction que l'ensemble du système solaire, augmentant sa vitesse par rapport à l'éther, mais cela semblait néanmoins n'avoir aucun effet significatif. Écrivant à son bienfaiteur, Bell, en 1881, il rapporta son résultat négatif. Michelson précisa que cela ne prouvait pas que l'éther n'existait pas. L'éther devait exister. Mais peut-être, comme l'avaient suggéré d'autres physiciens, cette toile de fond n'était-elle pas entièrement fixée. Peut-être qu'une partie de l'éther à proximité de la Terre était entraînée dans sa trajectoire autour du Soleil. Si on se déplaçait dans l'œil d'un cyclone, il n'y aurait pas de vent. L'assurance de Michelson était inébranlable. « J'ai un très grand respect pour ses capacités », écrivit Bell plus tard, ajoutant : « bien que je suspecte d'après ses manières qu'il en a autant que moi[22]. »

Le seul espoir de Michelson était que la traînée d'éther n'était pas complète, qu'il restait suffisamment de toile de fond céleste pour fournir un repère permettant d'effectuer des mesures. Cette possibilité avait été suggérée plus tôt au cours du siècle par un scientifique français, François Arago, qui avait tenté de mesurer la vitesse de la lumière entrant en collision avec la Terre. Arago supposa, assez naturellement, que la vitesse devait varier selon que la planète en orbite s'approchait ou s'éloignait de la source lumineuse. Il installa un prisme à l'extrémité de son télescope, prévoyant que les rayons lumineux plus rapides seraient réfractés plus abruptement que les plus lents. Il fut surpris de découvrir que quelle que soit la saison, les angles étaient identiques.

Arago conclut que nos yeux ne devaient être sensibles qu'à un champ limité de vitesses et que les rayons plus rapides et plus lents étaient invisibles. Mais son collègue Augustin-Jean Fresnel proposa une explication différente : tandis que l'éther flottait sans effort à travers les fissures moléculaires de la matière, un minuscule morceau s'était coincé dans le prisme d'Arago, transporté le long du trajet. Cela, expliqua-t-il, annulait l'effet recherché par Arago. Lorsque la Terre approchait d'une étoile, sa lumière frappait effectivement le prisme à une vitesse plus élevée. Mais ensuite elle était ralentie d'autant par l'éther piégé dans le verre. Selon Fresnel, l'effet était vrai pour tout matériau transparent et dépendait de son indice de réfraction, mesure indiquant de combien il ralentit et réfracte la lumière. La traînée d'éther serait donc visible dans l'eau mais négligeable dans l'air.

En 1882, après son congé sabbatique en Europe, Michelson quitta la marine et rejoignit l'université de Case des sciences appliquées à Cleveland, qui venait d'ouvrir ses portes. Pendant sa première année, il mesura la vitesse de la lumière dans le vide[23] (et trouva presque la valeur exacte avec 299 788 kilomètres par seconde). Ensuite, il commença à repenser l'expérience de l'éther avec un homme avec qui il s'était lié d'amitié lors d'un voyage en train pour Montréal.

Edward Morley, chimiste de l'université voisine Western Reserve, était un scientifique aussi méticuleux que Michelson. Les deux hommes pensaient qu'il serait inutile de faire un autre essai pour détecter le mouvement absolu de la Terre tant qu'ils n'auraient pas d'abord confirmé l'hypothèse de Fresnel selon laquelle la toile de fond céleste est fixée dans l'espace et que seulement quelques pincées d'éther sont entraînées par les objets transparents. Un effet aussi faible devait pouvoir être rectifié. Améliorant une expérience faite par Fizeau, ils pompèrent de l'eau dans une boucle de tuyauterie et divisèrent un rayon lumineux afin qu'un crayon se déplace dans le sens du courant et l'autre à contre-courant[24]. Ils confirmèrent finalement que l'eau produisait en effet une petite poussée et une petite traction. (Aparté anachronique : ils interprétèrent cela comme une confirmation de l'hypothèse de la traînée d'éther mais le phénomène est maintenant expliqué comme un effet de la relativité restreinte.)

C'est au beau milieu de cette expérience que Michelson s'effondra. Les raisons sont obscures. Sa femme et lui avaient fait un mauvais mariage. Il trouvait qu'elle parlait trop lors des réunions de famille, essayant toujours d'être le centre de l'attention. Elle s'ennuyait à Cleveland, était fatiguée des longues soirées de son mari au laboratoire ou ailleurs. Elle se plaignait qu'il prenne de l'argent sur le compte du ménage pour acheter du matériel scientifique. Lorsque Michelson partit à New York pour se faire soigner, Morley doutait qu'il revienne jamais à la science.

Peut-être prenait-il ses désirs pour des réalités (Michelson traitait Morley aussi mal que tous les autres.) Moins de deux mois plus tard, il était de retour dans son laboratoire, prêt à reprendre son expérience. Il dut faire face à un nouveau revers : en 1886, un incendie détruisit l'université Case et Michelson dut déplacer ce qu'il put sauver à Western[25]. Finalement, au printemps suivant, les deux hommes étaient prêts pour ce qu'ils espéraient être le test définitif permettant de déterminer, comme l'exprimait Morley, « si la lumière se déplace à la même vitesse dans toutes les directions[26] ». Comme Michelson, il pensait que la réponse était non.

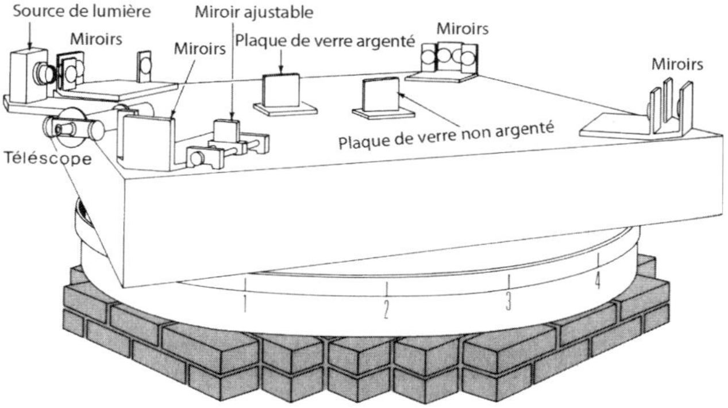

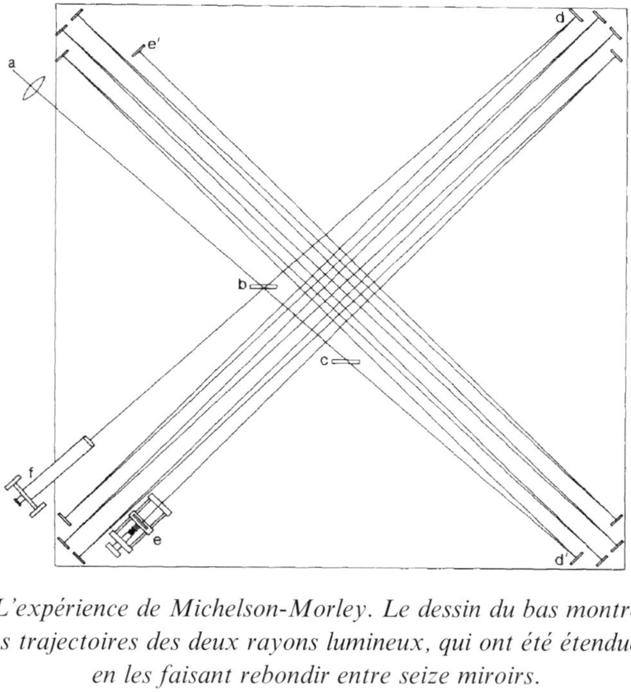

L'expérience de Michelson-Morley. Le dessin du bas montre les trajectoires des deux rayons lumineux, qui ont été étendues en les faisant rebondir entre seize miroirs.

Cette fois-ci, ils prirent encore plus de précautions pour protéger l'interféromètre contre la moindre vibration[27]. Les instruments furent installés sur une dalle de grès d'environ 46 dm^2 et 35 cm d'épaisseur, attachée à une bouée en bois en forme de beignet flottant dans une cuve en fonte remplie de mercure. La cuve elle-même était posée sur un lit de béton au sommet d'une plate-forme en brique. Quatre miroirs en métal étaient disposés à chaque coin pour réfléchir la lumière provenant d'une lampe d'Argand dans les deux sens, augmentant la longueur des trajectoires, celle allant vers la Terre et celle allant en travers, à environ 11 mètres. Un couvercle en bois protégeait les instruments optiques de l'air. Après avoir soigneusement mesuré et ajusté les distances entre les miroirs (un calibrage si précis qu'il nécessita une vis à 100 filets par pouce), ils commencèrent l'expérience.

D'une poussée de la main, l'interféromètre était doucement mis en mouvement, un tour toutes les six minutes, tandis que Michelson marchait à côté. En prenant soin de ne pas toucher le télescope, il regarda à travers l'oculaire les franges d'interférence, énonçant à Morley le relevé à seize positions autour du cadran. Entre le 8 et le 12 juillet, ils effectuèrent des observations à midi et le soir et ne trouvèrent pas de différence significative. Les deux nageurs revinrent au même moment.

Ils avaient prévu de faire des essais à différentes saisons, pour voir si le mouvement orbital de la Terre faisait une différence mais cela semblait inutile. Fresnel devait s'être trompé : une importante quantité d'éther était réellement entraînée par la planète, obscurcissant l'effet. Pour mesurer le mouvement absolu de la Terre, il faudrait effectuer des mesures très haut au-dessus du sol, peut-être même dans le cosmos.

Morley et un autre collègue, Dayton Clarence Miller continuèrent à chercher l'éther en utilisant des interféromètres aux trajectoires lumineuses encore plus longues. Miller prétendit même avoir détecté un élément aérien lors d'une expérience au sommet du mont Wilson [28], mais il fut apparemment trompé par les fluctuations de température. En 1930, les propres expériences de Michelson sur la montagne confirmèrent ses premiers résultats [29].

Ce n'était pas ce qu'il avait voulu. À ce moment-là, il s'était remarié, avait fondé une deuxième famille et été honoré du prix Nobel. Mais il avait cherché une ancre plus profonde : l'éther, « l'une des généralisations les plus grandioses de la science moderne, dont nous sommes tentés de dire qu'elle devrait être vraie même si elle ne l'est pas [30] ».

Il mourut un an plus tard, en 1931, quelques mois seulement après avoir rencontré Einstein, dont la théorie de la relativité restreinte avait expliqué la véritable signification de la belle expérience de Michelson et Morley [31] : ils avaient prouvé, contrairement à leurs attentes, qu'il n'existait pas de toile de fond fixe dans l'espace ni même dans le temps. Lorsque nous nous déplaçons à travers l'univers, nos instruments de mesures rétrécissent et s'étendent, nos horloges accélèrent ou ralentissent, tout cela pour préserver le seul standard véritable. Non pas l'éther mais la vitesse de la lumière.

Chapitre 9

Ivan Pavlov
Mesurer l'incommensurable

Ivan Pavlov

Nous devons reconnaître tristement que, précisément à cause de son important développement intellectuel, le meilleur des animaux domestiqués par l'homme, le chien, est très souvent victime d'expériences physiologiques. Au cours d'expériences chroniques, lorsque l'animal, s'étant remis de son opération, est en longue observation, le chien est irremplaçable. De plus, il est extrêmement touchant. Il est presque un participant dans les expériences effectuées sur lui, facilitant grandement le succès de la recherche par sa compréhension et sa docilité[1].

Ivan Pavlov

À l'entendre, on pourrait croire qu'ils étaient volontaires, ces animaux recrutés pour la recherche qui rendraient Ivan Petrovitch Pavlov célèbre. Lada, Lyska et Joutchka portaient des noms de chien traditionnels. Il y avait aussi Piestriï (Tache), Laska (Belette), Sokol (Faucon), Tsygan (Tsigane), Roujaïa (Roux), Poudiel (Caniche) et Voron (Corbeau). Il y avait Arliekin le Clown, Krassavietz la Belle, Lyadi la Lady, Postriel le Rapide, Zlodaï le Voleur et Rogdi le Vieux Prince Russe. Il y avait des chiens appelés Baïkal (d'après un lac de Sibérie) et Genghis Khan. Et, tout au début, il y avait celui censé être le favori de Pavlov, un croisé setter-colley qu'il appelait Droujok, ce qui signifie Pote ou Petit Ami[2].

Ils eurent plus de chance que les animaux d'autres laboratoires physiologiques qui utilisaient toujours l'expérience « aiguë » consistant à ouvrir et sacrifier un animal vivant pour observer le mécanisme anatomique. Pour Pavlov cela revenait à briser une montre avec un maillet pour observer son fonctionnement. Lorsqu'il commença ses études pionnières du système digestif des mammifères, toujours au cœur de la gastro-entérologie, il préféra une approche « chronique » : tandis que le chien était sous anesthésie, son estomac, son œsophage et ses glandes salivaires étaient modifiés pour que les fluides puissent être collectés et analysés. Pavlov devint célèbre comme l'un des chirurgiens les plus doués d'Europe et opérait dans de meilleures conditions antiseptiques que celles de nombreux hôpitaux. Les observations, étendues sur des mois et des années, ne commençaient que lorsque l'animal s'était entièrement rétabli.

Au début des années 1900, lorsqu'il commença à s'intéresser au système nerveux, la symbiose était complète. En échange du logement et de la nourriture, les chiens devenaient des sujets expérimentaux, mais aussi des mascottes. Entre les sessions au laboratoire, on les promenait dans le parc de l'institut. Parfois, pour clarifier un point de physiologie, Pavlov avait recours aux expériences aiguës, mais seulement à regret : « Lorsque je dissèque et détruis un animal vivant, j'entends en moi-même un reproche amer envers la main grossière et maladroite qui broie un mécanisme artistique incomparable. Mais je supporte cela dans l'intérêt de la vérité, pour le bénéfice de l'humanité[3]. » Dans un monde où les animaux étaient chassés pour le plaisir et massacrés pour leur chair et leur cuir, il se sentait en droit d'en utiliser quelques-uns dans sa quête de connaissance.

C'était la réponse habituelle qu'on donnait aux antivivisectionnistes, qui faisaient partie du décor en Russie et qui sont présents partout dans le monde aujourd'hui. De leur point de vue, les expériences de Pavlov étaient tout sauf belles. Même le propriétaire d'un chien restant imperturbable à la vue de foie gras au menu d'un restaurant ou face au destin d'une souris de laboratoire faisait la grimace en entendant les descriptions chirurgicales. La consolation est la connaissance qui a été acquise. Avec sa logique vive et sa conception élégante, le travail avec les chiens de Pavlov ouvrit un passage sur un monde qui semblait aussi éloigné que la plus distante des étoiles : l'intérieur du cerveau.

Il avait l'intention de devenir prêtre comme son père dans l'Église orthodoxe russe[4]. Puis il découvrit Darwin. C'était à la fin des années 1860, Ivan et son frère, Dimitri, étudiaient au séminaire de Riazan, où vivait la famille

Pavlov. Tôt le matin, selon la légende, Ivan se glissait dans la bibliothèque du village pour lire la récente traduction russe de *L'Origine des espèces* et de *Physiology of Common Life (Physiologie de la vie ordinaire)* de George Henry Lewes, avec ses dessins des organes internes ressemblant à des cartes ainsi que *Les Réflexes du cerveau* d'Ivan Sechenov, un exercice radical de matérialisme pur affirmant que l'esprit n'était rien d'autre qu'une machine extrêmement complexe[5].

Sechenov pensait que tous les comportements humains, de l'éternuement à la décision de lire un livre, étaient des réflexes, des mouvements musculaires déclenchés par des signaux enregistrés par les sens : « Absolument toutes les propriétés des manifestations externes de l'activité cérébrale décrites en tant qu'animation, passion, moquerie, tristesse, joie etc. sont simplement les résultats d'une contraction plus ou moins grande de groupes de muscles définis », écrivit-il, « qui, comme chacun sait, est une action purement mécanique. » Même lorsqu'une pensée vient à l'esprit à propos, elle est le produit d'un réflexe, affirma-t-il, l'évocation d'un souvenir enfoui provoquée par des signaux environnementaux subtils. « Le moment viendra », déclara Sechenov, « où les hommes seront capables d'analyser les manifestations externes du fonctionnement du cerveau aussi facilement que le physicien analyse maintenant une corde musicale ou le phénomène de la chute libre d'un corps[6]. »

Il s'agissait d'idées exaltantes pour le fils d'un prêtre. Sous le règne du Tsar Alexandre II, l'instruction commença à gagner les steppes russes. Les livres et les journaux qui auraient été interdits sous le règne de son père, Nicolas Ier, arrivaient à la bibliothèque, où une foule se rassemblait devant les portes, attendant l'ouverture, poussant et se bousculant pour entrer. Pour éviter la cohue, Pavlov demandait parfois à un employé de laisser une fenêtre ouverte.

Fasciné par la notion selon laquelle l'organisme animal pouvait être compris scientifiquement, il quitta le séminaire en 1870 pour étudier à Saint-Pétersbourg. Dimitri le rejoignit bientôt et ils étudièrent ensemble la chimie avec Mendeleïev, qui concevait alors son tableau périodique des éléments. Ivan, toutefois, se concentra sur la physiologie, obtenant finalement un doctorat de médecine pour des expériences démontrant comment le système nerveux du chien contrôle la pression du sang et le pompage du cœur. En 1891, il fut nommé à la tête du département de physiologie du nouvel Institut de médecine expérimentale, où il utilisa ses techniques chirurgicales pour établir la liste de la cascade de fonctions, une « usine chimique complexe[7] », comme il l'appelait, à travers laquelle la nourriture est traitée et absorbée par le corps.

Avant même qu'une bouchée soit placée sur la langue d'un chien, il commence à saliver : de l'eau pour la dilution mélangée avec de la mucine pour lubrifier la nourriture en vue de son passage dans l'estomac, où le « suc gastrique » est déjà préparé. Là, puis dans le duodénum, des capteurs nerveux spécialisés analysent la nourriture, signalant au corps la bonne recette des fluides gastriques à sécréter pour digérer le pain, le lait, la viande ou tout autre aliment au menu du chien[8].

La salivation, nota Pavlov, avait également une autre fonction. Si on fait goûter à un animal quelque chose de répugnant (huile de moutarde, acide léger ou sel), la salive continue de couler. Mais elle est principalement constituée d'eau pour protéger la langue et laver les substances nocives. Dans ce cas, il n'y a pas de sécrétions gastriques. L'organisme « sait » d'une manière ou d'une autre qu'elles ne sont pas nécessaires.

Pour mesurer la quantité et la composition de la salive, Pavlov soumit les chiens à une opération mineure. Alors que l'animal était sous anesthésie, il déplaça l'ouverture du canal provenant de l'une des glandes salivaires à l'extérieur du menton ou de la joue et l'attacha avec quelques points de suture. Une fois l'incision cicatrisée, le fluide était collecté et analysé. Des galets de quartz posés sur la langue produisaient à peine une goutte de salive, tandis que le sable entraînait une forte salivation afin que le chien puisse le laver. En suivant la même physio-logique, un chien bave en fait davantage devant un morceau de pain sec que devant un appétissant quartier de viande. Chaque réflexe a été ajusté par l'évolution pour harmoniser l'animal à son environnement.

« Chaque système matériel ne peut exister en tant qu'entité que tant que ses forces internes, attraction, cohésion etc. équilibrent les forces externes qui agissent sur lui », écrivit-il plus tard. « C'est vrai pour une pierre ordinaire tout autant que pour les substances chimiques les plus complexes et cette vérité doit également être reconnue pour l'organisme animal... Les réflexes sont les unités élémentaires dans le mécanisme d'équilibration perpétuelle[9]. »

En 1904, Pavlov obtint le prix Nobel pour son travail sur la physiologie de la digestion, un honneur qu'on fut sur le point de lui refuser[10] lorsqu'un laboratoire rival découvrit qu'un important composant du système lui

Scènes de l'Institut de médecine expérimentale.

avait échappé : les hormones. « Il est clair que nous ne nous sommes pas procuré un brevet exclusif pour la découverte de la vérité[11] », dit-il avec fatalisme. C'est à peu près à cette époque qu'il décida de laisser la digestion à d'autres et de se concentrer sur ce qu'il appelait les parties les plus élevées du système nerveux.

Pavlov avait remarqué que pour que la salivation se produise, il n'était en fait pas nécessaire que de la nourriture entre dans la gueule de l'animal[12]. L'odeur, l'apparition de l'écuelle ou même le grincement d'une porte à l'heure du repas pouvait suffire à déclencher la réaction, « les sécrétions psychiques », comme il les appelait.

Contrairement aux réflexes innés – les instincts – ces réactions acquises ou « conditionnelles » peuvent être modifiées. Lorsqu'on montre un morceau de viande à un chien puis qu'on l'enlève et qu'on le refait plusieurs fois de suite, l'animal salive de moins en moins. Il y a eu une « inhibition » du réflexe. Le goût de la viande, du pain ou même, paradoxalement, de l'acide nocif restaurera (« désinhibera ») la réaction. De même que l'évolution agissant au cours du temps façonne une espèce en fonction de son environnement, l'expérience agissant au cours d'une vie façonne un organisme individuel en fonction des détails de son emplacement particulier. Elle a développé la capacité d'apprendre.

Dès le début, Pavlov fut tenté d'interpréter ces phénomènes psychologiquement, en imaginant quelles pensées pouvaient bien se dérouler sur l'écran intérieur du chien. L'animal arrête de baver après qu'on lui a montré la viande plusieurs fois parce qu'il est devenu blasé, désabusé, comme « convaincu de l'inutilité de ses efforts[13] ». Mais alors pourquoi le contact répugnant de l'acide fait-il revenir la salivation ? À quoi peut bien penser le chien ?

Pavlov en vint à se dire qu'il se posait la mauvaise question. « En effet, de quels moyens disposons-nous pour entrer dans le monde intérieur de l'animal ! » déclara-t-il plus tard. « Sur quels faits nous basons-nous pour parler de ce qu'un animal ressent et de la manière dont il le ressent[14] ? » La même chose, observa-t-il d'une manière émouvante, s'applique également aux gens. « La douleur éternelle de la vie ne consiste-t-elle pas dans le fait que les êtres humains sont incapables de se comprendre, qu'une personne ne peut pas pénétrer l'état interne d'une autre[15] ? »

La frontière entre le mental et le physique commençait à devenir floue. Lorsqu'un scientifique étudiait comment la pression du sang augmente ou diminue ou comment le suc pancréatique circule, nota Pavlov, il parlait en termes purement matériels. « Mais maintenant, le physiologiste se tourne vers les parties les plus élevées du système nerveux central et soudain le caractère de sa recherche change brusquement [...] Il commence à faire des suppositions sur l'état interne des animaux en se basant sur son propre état subjectif. Jusqu'alors il avait utilisé des conceptions scientifiques générales. Maintenant il change de plan et s'intéresse à des conceptions inconnues qui ne sont liée d'aucune façon à ses précédentes conceptions, à des idées psychologiques. En résumé, il passe du monde mesurable à l'incommensurable[16]. »

Il était temps de se concentrer sur l'objectif. Que les glandes salivaires soient excitées par des récepteurs situés sur la langue, dans les yeux, le nez ou les oreilles, le résultat était le même : des signaux provenant de l'environnement suscitaient une réaction physiologique.

L'idée que les organismes, cerveaux inclus, sont des machines biologiques a été abordée par Descartes au XVIIe siècle, mais il admit qu'il y avait quelque chose de spécial chez ses confrères humains. Bien que nos corps soient purement mécaniques et contraints d'obéir aux principes de la physique, nos cerveaux sont habités par une présence plus élevée, l'esprit. À l'époque de Pavlov, les découvertes de Darwin avaient mis en péril le maintien de ce genre de dualisme. Le cerveau évoluait vraisemblablement en même temps que le reste du corps, mais comment les bouleversements de la sélection naturelle agissaient-ils sur l'esprit fantomatique ? William James décrivit le problème en 1890 dans les *Principes de psychologie :* « Les atomes identiques qui, dispersés de manière chaotique, formaient la nébuleuse, désormais coincés et capturés temporairement dans des positions particulières, forment nos cerveaux ; et l' 'évolution' des cerveaux, si elle est comprise, sera simplement le récit expliquant comment les atomes ont été ainsi capturés et coincés [17]. »

Certains philosophes ont été jusqu'à suggérer que chaque atome de matière est voilé par un atome de conscience, la « poussière-esprit primordiale [18] » qui fut entraînée lorsque le cosmos se déploya et que les espèces évoluèrent. James expliqua leur raisonnement : « Tout comme les atomes matériels ont formé les corps et les cerveaux en se regroupant, les atomes mentaux, par un processus analogue d'agrégation, ont fusionné en ces consciences plus larges [19]. »

De la même manière, chaque action chimique dans le cerveau était censée être reflétée par une action mentale, sans qu'aucune n'exerce un contrôle sur l'autre. Thomas Henry Huxley l'exprimait ainsi : « L'âme est liée au corps

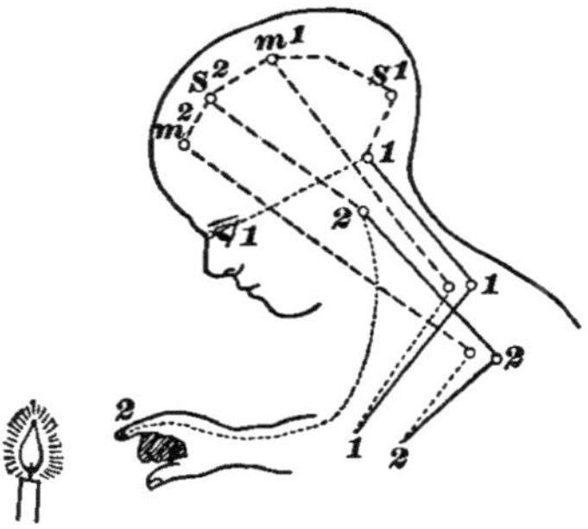

Un bébé acquérant un réflexe d'évitement du feu. Schéma de William James, Principes de psychologie.

comme la cloche d'une horloge au mécanisme de celle-ci et la conscience répond au son émis par la cloche lorsqu'elle est frappée. » Lorsque nous « décidons » de bouger un doigt, il s'agit d'une indication et non pas de l'instigateur de l'événement. « Le sentiment que nous nommons volition », suggéra Huxley, « n'est pas la cause d'un acte volontaire mais le symbole de cet état du cerveau qui est la cause immédiate de cet acte[20]. » (Un siècle plus tard, le physiologiste Benjamin Libet prétendit l'avoir démontré[21].)

Nous sommes, en d'autres termes, des automates conscients. James décrivit les implications de cette théorie avec désapprobation :

> Si nous connaissions parfaitement le système nerveux de Shakespeare et aussi parfaitement toutes les conditions de son environnement, nous devrions être capables de démontrer pourquoi à une certaine période de sa vie sa main traça sur certaines feuilles

> de papier ces petites marques noires et penchées que nous appelons pour faire court le manuscrit d'*Hamlet*. Nous devrions comprendre les raisons de chaque rature et modification et nous devrions comprendre tout cela sans reconnaître au moindre degré l'existence de pensées dans l'esprit de Shakespeare. Les mots et phrases seraient interprétés, non comme des signes de rien d'autre au-delà d'eux-mêmes mais comme de petits faits extérieurs, purs et simples. De la même manière, nous pourrions écrire entièrement la biographie de ces quatre-vingt-dix kilos plus ou moins de matière albuminoïde chaude nommés Martin Luther, sans jamais laisser entendre qu'il éprouvait des sensations[22].

Pavlov ne s'attarda pas longtemps sur de telles questions métaphysiques. Quoi qu'il arrive à l'intérieur, l'esprit d'un chien ne pouvait être abordé que de l'extérieur, objectivement. « Le naturaliste ne doit considérer qu'une seule chose : quelle est la relation de telle ou telle réaction externe de l'animal aux phénomènes du monde extérieur[23] ? »

Ces signes, il l'apprit rapidement, n'avaient pas besoin de présenter une relation inhérente à ce qu'ils signifiaient. Il est naturel que la gueule d'un chien salive à l'odeur de la viande bien que cela semble également être une réaction apprise (un chiot qui tête encore sa mère peut faire la fine bouche devant un hamburger). Mais en présentant la viande en même temps qu'un autre stimulus, l'expérimentateur peut habituer l'animal à saliver à l'apparition d'une lumière, devant la rotation d'un objet, au contact d'une sonde chaude ou froide sur la peau, au tic-tac d'un métronome ou au bruit d'une sonnerie, d'un sifflet, d'un diapason

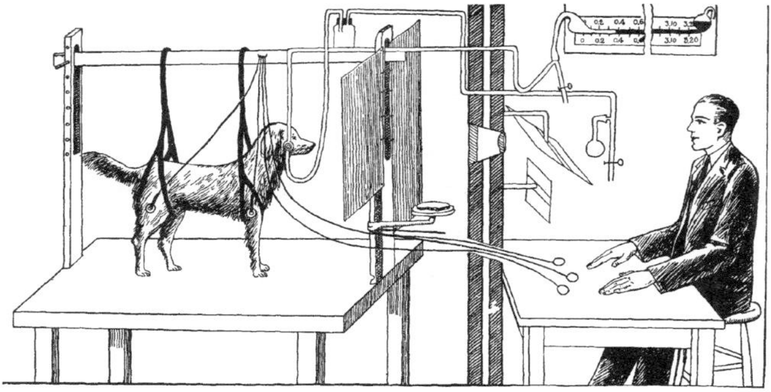

On entraîne un chien à saliver lorsque deux stimulateurs mécaniques piquent sa peau.

ou d'un cor (Pavlov n'utilisa presque jamais de clochette). Il n'y a pas de raison pour que l'évolution anticipe de telles associations arbitraires. Mais dans ces circonstances, elles devenaient significatives pour la survie du chien.

La même chose était vraie pour la réaction salivaire défensive. Une fois que le chien avait goûté de l'acide dilué teint en noir avec de l'encre de Chine, il salivait de manière préventive à la vue d'une eau noire. Mais après avoir goûté plusieurs fois cette solution inoffensive, le réflexe disparaissait et n'était restauré qu'en lui faisant à nouveau goûter l'acide.

Les connexions neurales sont si malléables qu'elles peuvent être branchées et débranchées comme les câbles d'un standard téléphonique. Avec un entraînement suffisant, un stimulus positif comme un morceau de viande peut être lié à un stimulus désagréable. Au lieu de reculer en recevant un choc électrique, le chien se met à saliver [24].

Lorsque sa technique se perfectionna, le laboratoire de Pavlov commença à faire des recherches sur la notion du temps chez les chiens. Après avoir entraîné un chien à saliver à l'apparition d'une lumière, la délivrance du stimulus fut retardée de trois minutes. Rapidement, le chien apprit à anticiper ce délai. Trois minutes après le signal, la gueule de l'animal se mettait à saliver[25].

Dans d'autres expériences, le temps lui-même devint le stimulus. Lorsqu'on nourrit un chien toutes les trente minutes puis qu'on suspend ses repas, il va continuer à saliver de manière automatique toutes les demi-heures[26]. « Je suis convaincu », déclara Pavlov de manière un peu grandiloquente, « que c'est directement sur la voie de cette expérimentation exacte que se trouve la solution du problème du temps qui a occupé les philosophes depuis d'innombrables générations[27]. »

Leur appareil neural est si précis que les chiens peuvent même être conditionnés à différencier un objet tournant dans le sens des aiguilles d'une montre d'un objet tournant dans le sens inverse des aiguilles d'une montre, un cercle d'une ellipse, un métronome battant 100 temps par minute d'un autre battant 96 ou 104 temps. Ils peuvent faire la distinction entre des notes voisines sur une échelle musicale, entre un do et un fa joués dans n'importe laquelle des cinq octaves différentes d'un orgue ou entre différentes nuances de gris[28].

Pour des expériences comme celles-ci, le contexte était essentiel. Si un chien apprenait un nouveau réflexe lorsqu'il était assis par terre, l'expérience pouvait échouer si elle était répétée sur une table ou par un expérimentateur différent. Les distractions devaient être soigneusement évitées. « Les pas d'un passant, les conversations occasionnelles dans les pièces voisines, le claquement d'une porte ou la vibration d'un fourgon qui passe, les cris dans la rue et même les ombres projetées dans la pièce à travers les fenêtres, n'importe lequel de ces stimuli accidentels et incontrôlés touchant les récepteurs du chien créé une perturbation dans les hémisphères cérébraux et nuit aux expériences[29]. »

Les chiens de Pavlov étaient aussi capricieux que l'interféromètre de Michelson. Déterminé à contrôler toutes les variables possibles, il commandita la construction d'une « Tour du Silence[30] » copiée sur les laboratoires sismologiques. Le bâtiment était entouré d'un fossé rempli de paille pour amortir les vibrations et le premier et le troisième étage possédaient chacun quatre chambres d'observation insonorisées isolées par des couloirs et l'étage inoccupé entre les deux. Les expérimentateurs observaient les chiens à distance à travers des périscopes, donnant l'impression, rapporta un visiteur, d'« un sous-marin prêt à la bataille[31] ».

« L'usine de physiologie de Pavlov », comme la nomma l'historien Daniel Todes, était un signe de ce qu'allait devenir la science expérimentale. Sous la direction de Pavlov, des équipes de chercheurs testaient des hypothèses sur des centaines de chiens différents. Ce qui émergea n'était peut-être pas une belle expérience unique mais une série de belles expériences. Cependant, l'une d'entre elles fut si surprenante qu'elle surpasse toutes les autres.

Pavlov et ses collaborateurs avaient déjà montré qu'un chien avait des aptitudes musicales basiques. Entraîné à saliver lorsqu'il entend un accord spécifique, disons A mineur, il réagira également, bien que plus faiblement, à chaque note individuelle. Allant de plus en plus loin, les chercheurs commencèrent à tester la capacité de l'animal à reconnaître des mélodies simples.

Lorsque quatre notes étaient jouées en montant, on donnait au chien un peu de nourriture.

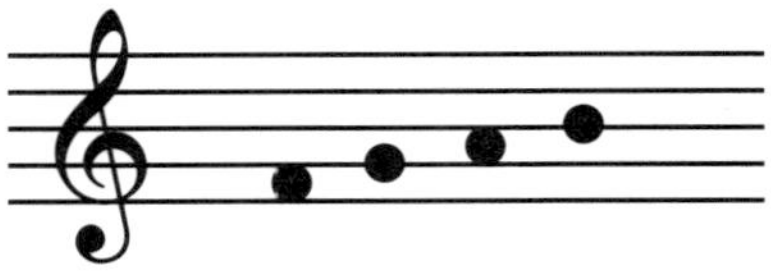

Lorsque les mêmes notes étaient jouées en descendant, on ne lui donnait rien.

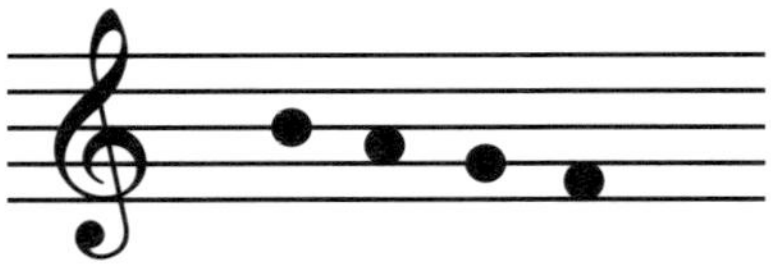

L'animal apprit rapidement à faire la différence entre les deux séquences[32]. Mais comment, se demandait Pavlov, réagirait-il en entendant les vingt-deux autres combinaisons possibles des mêmes notes ?

Les mélodies étaient jouées et la salive recueillie. Le chien avait catégorisé les échelles en deux groupes égaux selon que les hauteurs étaient principalement ascendantes ou descendantes. Il n'est pas exagéré de dire que l'animal avait formé un concept rudimentaire. Ce genre de reconnaissance de motif, en vint à croire Pavlov, constituait l'origine de ce qu'il faisait lui-même en tant que scientifique expérimental.

« Les mouvements des plantes vers la lumière et la recherche de la vérité à travers une analyse mathématique ne sont-ils pas des phénomènes du même ordre ? Ne sont-ils pas les derniers liens dans une chaîne presque infinie d'adaptabilités qui apparaissent partout dans les créatures vivantes[33] ? »

Comme de nombreux scientifiques avec une théorie puissante, il se laissa parfois emporter, tentant d'expliquer les personnalités de ses chiens et même les névroses humaines comme étant des faisceaux de réflexes conditionnels[34]. Aux États-Unis, John B. Watson et B. F. Skinner développaient alors la psychologie du comportementalisme selon laquelle toute activité mentale était réduite aux stimuli et aux réactions. Il en résulta deux visions opposées du futur : le roman de Skinner, *Walden 2 : communauté expérimentale*, décrit une utopie apportée par la technique comportementale tandis que dans *Le Meilleur des mondes* d'Aldous Huxley, les mêmes outils sont utilisés par l'État pour imposer une dictature écrasante. Aucune ne s'est réalisée. Plus récemment, la métaphore de l'ordinateur a donné aux scientifiques un moyen plus nuancé de réfléchir sur la pensée mais la prise de conscience fondamentale de Pavlov a perduré : le cerveau et le système nerveux forment une machine vivante précise et extrêmement adaptable.

Les chiens de Pavlov.

Plus tard, les étudiants de Pavlov lui offrirent un album contenant les photographies de quarante de ses chiens. Une copie fut retrouvée à Saint-Pétersbourg[35] par un scientifique du Cold Spring Harbor Laboratory qui utilisait le conditionnement pavlovien sur les mouches du vinaigre afin d'identifier les gènes impliqués dans la mémoire à long terme. Il donna aux différentes mutantes, « les mouches de Pavlov[36] », les noms de ces célèbres animaux.

En 1935, le *Monument à un chien*, une fontaine richement ornée, fut érigé dans le parc de l'institut. Au centre se trouve un piédestal surmonté d'un grand chien et orné de bas-reliefs représentant des scènes de laboratoire et des citations de Pavlov : « Laissons le chien, partenaire et ami de l'homme depuis la préhistoire, s'offrir en sacrifice à la science. Mais notre dignité morale nous oblige à garantir que cela se fasse toujours sans douleur inutile[37]. »

Sur le pourtour du haut du piédestal se trouvent les têtes de huit chiens déversant de l'eau par leur gueule comme s'ils saluaient en salivant.

Monument à un chien.

Chapitre 10

Robert Millikan Dans la Zone frontalière

Robert Millikan

Nous avons vraiment abordé la zone frontalière où la matière et la force semblent se confondre, le royaume flou entre le Connu et l'Inconnu qui a toujours eu pour moi un attrait particulier. Je me risque à penser que les plus grands problèmes scientifiques du futur trouveront leur solution dans cette Zone Frontalière, et même au-delà : là, me semble-t-il, se trouvent les Réalités Ultimes, subtiles, radicales, merveilleuses [1].

William Crookes, 1879

Un samedi matin de janvier, en quête du dernier appareil nécessaire pour me convaincre de l'existence des électrons, je me mis en route vers le « Trou Noir », un dépotoir apocalyptique (« Tout y entre et rien n'en sort ») de Los Alamos, au Nouveau-Mexique. Géré par Edward B. Grothus, ancien fabricant de bombes aujourd'hui activiste pour la paix vieillissant, l'entrepôt (une ancienne épicerie reconvertie) est rempli du sol au plafond d'oscilloscopes, de générateurs de signaux, de compteurs Geiger, de pompes à vide, de centrifugeuses, d'ampèremètres, d'ohmmètres, de voltmètres, de réservoirs cryogéniques, de fours industriels, de thermocouples, de baromètres, de transformateurs, de machines à écrire, d'anciennes calculatrices mécaniques : plus de 1 500 mètres carrés de détritus électroniques et mécaniques jetés au fil des ans par le laboratoire national où fut lancé le Projet Manhattan.

J'avais acquis sur eBay la plus grande partie du matériel dont j'avais besoin pour refaire les expériences classiques : la démonstration de J. J Thomson en 1897 prouvant que l'électricité est une forme de matière chargée négativement, suivie treize ans plus tard par la triomphale expérience de la goutte d'huile de Robert Millikan, isolant et mesurant la charge d'électrons individuels. Ratissant les allées sombres du Trou Noir, je finis par repérer ce que je cherchais : un bloc d'alimentation haute tension Fluke 415B. Les bras tendus au-dessus de ma tête, je libérai prudemment le long châssis gris du milieu d'une pile (il pèse treize kilos) et le posai sur le sol en béton. Construit dans les années 1960 et actionné par des tubes à vide, il semblait en parfait état. Je le traînai vers l'arrière du magasin, où des kilomètres de câbles coaxiaux pendent comme des serpents à des crochets ou gisent enroulés sur le sol, j'en trouvai un qui s'adaptait au connecteur de sortie et me dirigeai vers la caisse.

Ed ne semble jamais avoir vraiment envie de vendre quelque chose. Il préfère raconter son projet d'érection d'obélisques en granit destinés à surprendre les archéologues extraterrestres après l'holocauste à venir ou parler de sa Première Église de Haute Technologie, où il rassemble une « masse critique » le dimanche. Lorsque des clients le retrouvent dans les profondeurs de sa tanière, il se montre d'humeur acariâtre. « Deux cent cinquante dollars pour ça », me dit-il, soit environ dix fois le prix auquel je m'attendais. Je tentai de le raisonner en disant que j'en avais vu un exactement pareil sur eBay à 99$. Mais Ed n'est pas du genre à marchander. Déçu, je remis l'unité à sa place, où elle doit toujours se trouver et pris seulement le câble. Je passai ensuite à la bibliothèque publique, située près du Fuller Lodge, où Oppenheimer et les autres physiciens nucléaires faisaient la fête et dînaient, me connectai à Internet et achetai l'autre bloc d'alimentation. Il arriva deux semaines plus tard, j'étais alors prêt à commencer.

En 1896, Robert Andrew Millikan, jeune physicien tout juste sortir de l'université de Columbia muni d'un doctorat, assista à Berlin à une conférence au cours de laquelle Wilhelm Röntgen montra ses photographies des os de la main. Cette conférence avait lieu à l'occasion d'une réunion de janvier de la Société allemande de physique mais Millikan ressentit un tel émerveillement d'enfant qu'il s'embrouilla dans ses souvenirs et situa plus tard cette conférence à la veille de Noël[2].

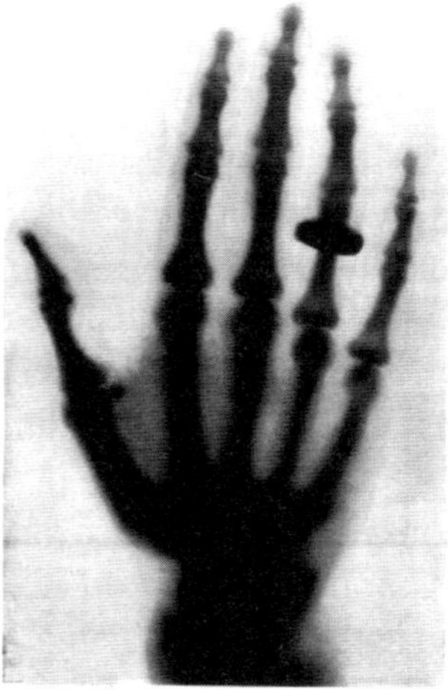

Les rayons de Röntgen « voient » l'intérieur d'une main.

Deux ans auparavant exactement, aux États-Unis, il avait entendu le grand Albert Michelson prédire qu'on en avait presque terminé avec la physique. Les lois du mouvement et de l'optique étaient fermement établies, les équations de Maxwell avaient resserré les fils de Faraday et sa génération avait valsé entre l'électricité et le magnétisme. Heinrich Hertz avait vérifié la théorie de Maxwell, montrant que les ondes radio peuvent être réfléchies, réfractées, concentrées et polarisées, qu'elles sont juste une sorte de lumière[3]. Mais il s'agissait ici d'un nouveau phénomène complètement inattendu : les rayons X.

Millikan fut heureux de constater que l'opinion générale était fausse : « Nous ne sommes pas allés aussi loin que nous le pensions dans notre examen des profondeurs de l'univers, même en ce qui concerne les principes de physique fondamentaux[4]. »

Röntgen avait fait son étonnante découverte en étudiant la tache rayonnante qui apparaît à l'extrémité d'un « tube à décharge » en verre sous vide lorsqu'une tension assez importante est appliquée entre les deux plaques de métal qui se trouvent à l'intérieur, une cathode chargée négativement et une anode chargée positivement (noms donnés par Faraday). Passant à travers l'air raréfié, ces rayons cathodiques étaient vraiment déroutants. Si un obstacle était placé à l'intérieur du tube (William Crookes, chimiste et spirite, utilisait une croix de Malte[5]), son ombre apparaissait sur le verre fluorescent, indiquant que les rayons se déplaçaient comme des balles en lignes droites. Lorsqu'il approchait un aimant du tube, le rayon oscillait d'un côté. S'il plaçait une gemme à l'intérieur, elle devenait fluorescente. Les rayons semblaient également être dotés d'une substance, puisqu'il pouvait faire tourner une minuscule roue à aubes. « Un quatrième état de la matière[6] », affirma Crookes : solide, liquide, gazeux et rayonnant[7].

Röntgen découvrit quelque chose d'encore plus étrange : si le rayon heurtait l'extrémité du tube avec suffisamment de force, il déclenchait une autre sorte de radiation, assez puissante pour traverser la chair[8]. Moins d'un an plus tard, à Paris, Henri Becquerel découvrit une autre forme de rayons pénétrants qui émanaient de morceaux d'uranium, passaient à travers un écran opaque et laissaient leur trace sur une plaque photographique[9]. Les deux sortes de radiation, on l'apprit bientôt, étaient capables d'ioniser un gaz en transmettant une charge électrique. Nous savons maintenant qu'ils arrachent pour cela des électrons des atomes.

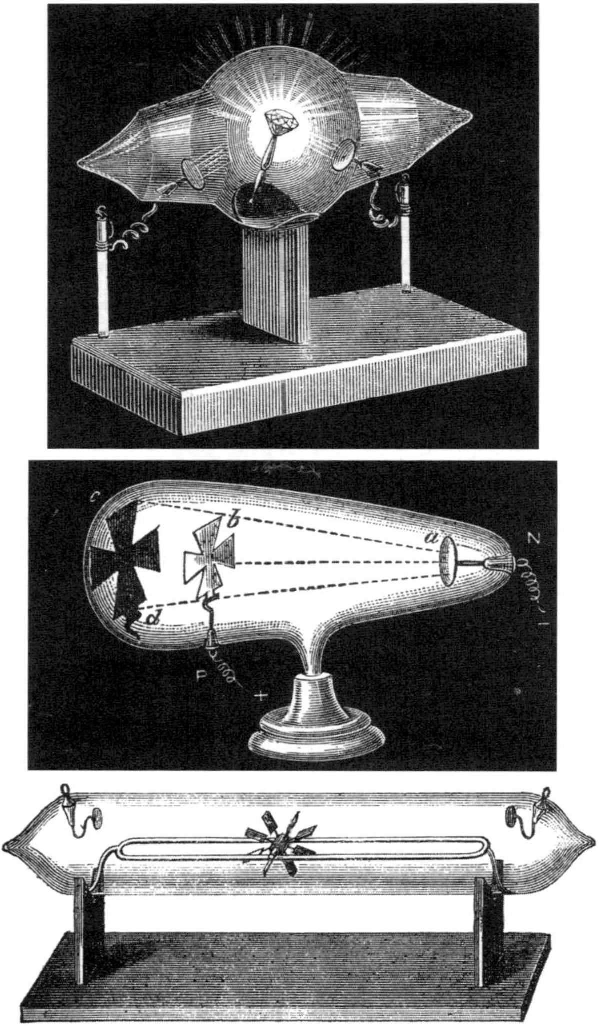

Les tubes de Crookes : les rayons cathodiques éclairent un diamant, projettent l'ombre d'une croix de Malte et font avancer une roue à aubes sur un rail.

Rentrant d'Europe pour prendre un poste à l'université de Chicago, où régnait alors Michelson, Millikan suivit de loin les explorations de la nouvelle physique par quelques-uns des plus grands scientifiques européens. Au laboratoire Cavendish de Cambridge, en Angleterre, J. J. Thomson démontra que les rayons pouvaient être repoussés non seulement par des aimants mais également par de puissants champs électriques[10].

Hertz lui-même avait tenté et raté l'expérience dans laquelle un rayon passe entre des plaques parallèles à l'intérieur d'un tube sous vide. Lorsque les plaques étaient chargées avec une pile, le rayon ne bougeait pas. Hertz pensa que cela signifiait que les rayons étaient une perturbation immatérielle de l'éther (la leçon de Michelson-Morley faisait toujours son effet).

Thomson pensait qu'Hertz n'avait pas pompé assez d'air du tube, que les molécules subsistantes court-circuitaient les plaques aussi sûrement que si elles avaient été mouillées par la pluie. Avec un meilleur vide, il réussit à pousser le rayon vers le pôle positif, ce qui indiquait clairement que les rayons cathodiques étaient faits de matière chargée négativement. De particules d'électricité. D'électrons[11].

Je n'avais pas prévu d'acheter mon propre appareil de Thomson mais sa beauté était irrésistible : un simple cadre en bois berçant le tube sous vide bulbeux et pointu, les larges bobines d'Helmholtz en cuivre (du nom du physicien allemand Hermann von Helmholtz) dressées de chaque côté. Séparées par un espace égal à leur rayon (quinze centimètres), elles baignent le tube d'un champ magnétique uniforme[12]. L'appareil a été fabriqué en Allemagne pour servir dans les cours de physique et le

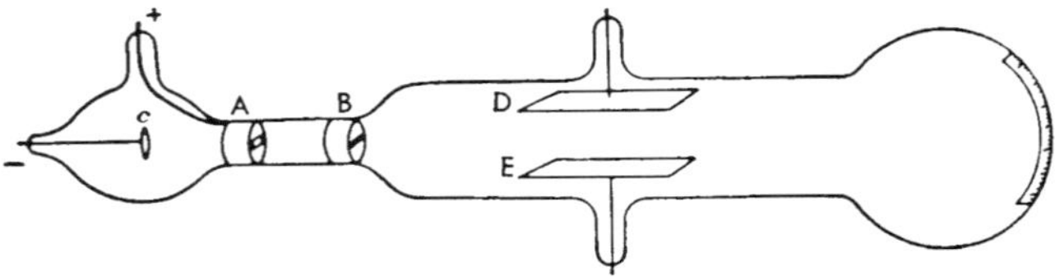

FIG. 2

L'expérience de J. J. Thomson. Les rayons cathodiques sont émis en C, tirés à travers l'anode chargée positivement (A) puis passent à travers la fente B et entre les plaques D et E avant de laisser une trace à l'extrémité du tube. Lorsqu'on charge les plaques, le rayon se déplace.

vernis grisâtre craquelé de la boîte de distribution électrique indique qu'il date probablement des années 1960.

Le manuel n'était pas inclus, juste une épaisse feuille de papier à dessin sur laquelle on avait dessiné un circuit électrique avec des crayons de couleur : le filament nécessitait 6,3 volts pour chauffer la cathode métallique et évaporer les électrons, processus qui serait accéléré par une tension positive beaucoup plus grande sur l'anode. Une troisième source de courant alimenterait les bobines d'Helmholtz. Je branchai les câbles à mon alimentation électrique et éteignis les lumières.

J'observai alors une vision inquiétante. Lorsque j'augmentai doucement la tension de l'anode, une brume verdâtre en forme de pomme se forma autour de la cathode, devenant de plus en plus grande et grosse jusqu'à ce que soudain, juste au-dessus de 160 volts, un rayon de lumière bleu jaillisse tout droit du pied et vienne frapper le sommet du verre, comme un génie dans sa lampe. Cela a dû sembler bien effrayant à Crookes et aux autres pionniers des rayons cathodiques. Certains crurent voir un ectoplasme. Un fantôme. En tenant un aimant droit près du verre, je fis se tordre le génie. Le pôle noir attirait le rayon vers moi, le pôle rouge le repoussait.

L'étape suivante consistait à alimenter la bobine. Lorsque je remontai le bouton, le rayon se réfracta doucement jusqu'à ce que, à 3,5 volts et 0,76 ampères, il plonge abruptement dans le sens des aiguilles d'une montre et forme un cercle brillant à l'intérieur du tube. Tandis que l'anode tentait de tirer les électrons tout droit vers le haut,

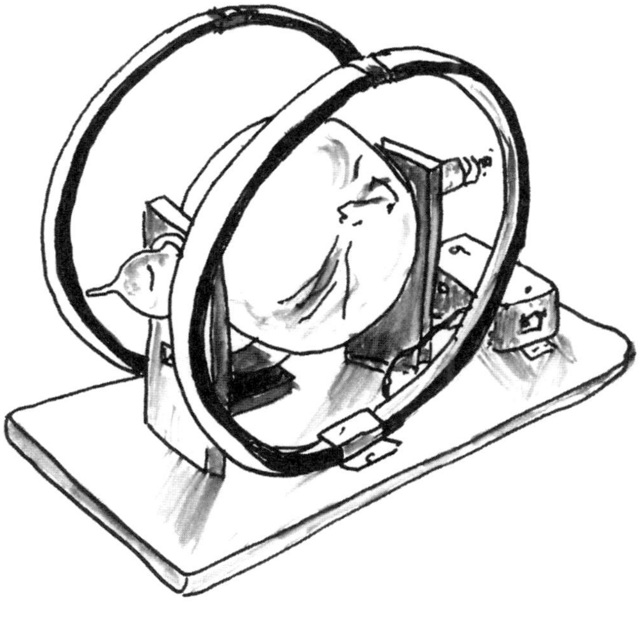

Une version moderne de l'appareil de Thomson.
Dessin d'Alison Kent.

ce vent magnétique les poussait sur le côté, dans une lutte perpendiculaire dont le résultat, comme s'en était rendu compte Thomson, dépend à la fois de la masse des particules et de leur charge. Son expérience ne permet pas de déterminer chaque valeur isolée (des particules légères avec une charge minuscule agissent de la même manière que des particules plus lourdes avec une charge plus importante) mais seulement leur rapport.

J'intégrai mes données (le voltage de l'anode, le courant dans les bobines, le rayon du cercle brillant) à son équation et fis le calcul : $2{,}5 \times 10^8$ coulombs de charge par gramme[13] (un coulomb, appelé ainsi en l'honneur du scientifique français Charles-Augustin Coulomb, est la quantité approximative d'électricité circulant à chaque seconde à travers une ampoule de 100 watts[14]). Mon résultat était 50 % plus élevé que la valeur admise mais j'avais au moins le bon nombre de zéros.

Le plus important est ce que Thomson démontra ensuite : le type de gaz dans le tube ou le métal utilisé pour la cathode n'ont aucune importance. Le rapport reste le même. Les rayons sont tous faits de la même substance.

Et quelle étrange substance ! Le rapport entre la charge et la masse avait déjà été mesuré pour l'atome d'hydrogène (le plus léger des éléments) lorsqu'il migrait entre les pôles d'une cellule électrolytique. La valeur pour l'électron était environ cent fois plus grande[15]. Soit il possédait une charge énorme, soit, comme le pensait Thomson, il était beaucoup plus petit qu'un atome. Son instinct lui disait qu'il avait découvert quelque chose de presque inimaginable : une particule subatomique.

Nous étions alors en 1906 et Millikan se sentait dépassé[16] : après une décennie à Chicago, il était toujours maître-assistant. Il estimait être un professeur efficace et ses manuels se vendaient. Mais il était déçu qu'à l'âge de trente-huit ans, ce qui était plutôt âgé pour un physicien, il n'ait encore fait aucune découverte importante.

Il savait que l'expérience de Thomson, aussi impressionnante qu'elle soit, n'avait pas résolu l'affaire. Pour ce qu'on en savait, les électrons existaient dans un grand nombre de charges et de tailles produisant toutes le même rapport. Thomson venait juste de supposer qu'ils étaient identiques. Face à cette incertitude, les Allemands restaient particulièrement sceptiques, s'accrochant à l'idée selon laquelle l'électricité serait une onde éthérée. La seule manière de sortir de cette impasse était de mesurer l'une des valeurs du rapport de Thomson : soit la masse, soit la charge de l'électron.

Millikan commença par refaire une expérience au cours de laquelle un scientifique dans le laboratoire de Thomson à Cavendish avait chronométré la vitesse à laquelle une brume de vapeur d'eau chargée, ionisée avec des rayons X ou du radium, précipite au fond d'un récipient fermé[17]. Au-dessus et en dessous du brouillard se trouvaient des plaques en métal connectées aux pôles d'une pile. En observant l'effet du champ électrique sur la vitesse de descente du brouillard, on peut calculer sa charge totale. En divisant le résultat par une estimation du nombre de particules chargées présentes dans le brouillard, on pouvait esquisser une valeur moyenne pour l'électron.

La technique, nécessitant un appareil appelé « chambre à brouillard », comportait de nombreuses incertitudes et suppositions. La vapeur s'évaporait de manière continue, laissant le bord supérieur du brouillard si irrégulier et flou qu'il était frustrant de tenter de suivre ses mouvements. Millikan augmenta la pression en espérant pouvoir stabiliser son objectif, en le suspendant « comme le cercueil de Mahomet[18] » entre la charge positive et la charge négative. Ensuite il pourrait mesurer le taux d'évaporation et en rendre compte dans ses calculs.

Au lieu de cela, lorsqu'il appuya sur l'interrupteur, le brouillard s'envola. L'expérience était un échec... C'est du moins ce qu'il lui sembla jusqu'à ce qu'il remarque que quelques gouttes d'eau isolées restaient suspendues dans l'air, avec juste le bon poids et la bonne charge pour que la force de la gravité tirant vers le bas soit compensée par la force de lévitation du champ électrique.

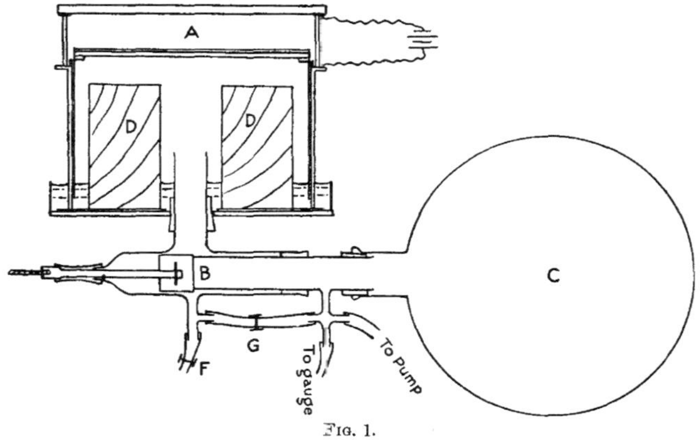

FIG. 1.

La chambre à brouillard. L'ouverture de la valve B entraîne l'aspiration par un vide (C) de l'étage sous la chambre A, qui est rempli d'air humide. La dilatation du volume entraîne la formation d'un brouillard.

Ceci, se rendit-il compte, constituerait une expérience plus décisive. Au lieu d'étudier le comportement de la masse d'un brouillard de gouttes complet, il pourrait les observer une par une[19]. Scrutant à travers un petit télescope installé à soixante centimètres, il choisissait une goutte oscillant en suspension et coupait tout à coup la tension. Chronomètre en main, il chronométrait sa chute entre les lignes de son oculaire. Heure par heure, il notait les données, comparant le poids estimé d'une goutte avec la charge nécessaire pour lui permettre de rester en suspension. La réponse, rapporta Millikan, était toujours « 1, 2, 3, 4 ou un autre multiple exact de la plus petite charge que j'ai jamais obtenue sur une gouttelette[20] ». Les charges semblaient en effet exister sous forme de portions uniformes qui sont, selon ses calculs, égales à $1{,}55 \times 10^{-19}$ coulombs.

En septembre 1909, il se rendit à Winnipeg pour présenter ses résultats[21], qu'il considérait encore comme préliminaires, à une réunion de l'Association britannique pour le progrès de la science. Thomson lui-même fit le discours présidentiel et Ernest Rutherford, qui venait de gagner le Prix Nobel, donna une conférence sur l'état de la physique atomique, notant que malgré tous les récents succès, « il n'avait pas encore été possible de détecter un électron isolé[22] ». Puis Millikan, qui n'était même pas au programme, surprit tout le monde en rapportant qu'il avait justement été sur le point de le faire.

Dans le train du retour, il essaya de trouver une démonstration encore plus convaincante. À cause de l'évaporation, la durée de vie de chaque goutte d'eau se comptait en secondes. Il serait bien mieux de pouvoir suivre une goutte pendant plusieurs minutes voire plusieurs heures, ajustant la tension et faisant ballotter la goutte de haut en bas. Alors qu'il contemplait les plaines du Manitoba, la réponse, raconta-t-il plus tard, lui vint d'un coup.

Arrivé à Chicago, il demanda à Harvey Fletcher, un étudiant en doctorat qui cherchait un sujet de thèse, de voir si l'expérience des gouttelettes pouvait être réalisée avec quelque chose de moins évanescent que des gouttes d'eau. Fletcher acheta un vaporisateur de parfum et de l'huile pour montre dans un drugstore et commença à assembler le matériel : deux plaques rondes en laiton, celle du dessus percée au centre, installées sur un support de laboratoire et illuminées de côté par une lumière vive. Il vaporisa une brume d'huile au-dessus du dispositif et observa à travers un télescope : « Je vis un spectacle magnifique[23] », se rappela-t-il plus tard :

> Le champ était rempli de petites étoiles de toutes les couleurs de l'arc-en-ciel. Les plus grosses gouttes tombaient rapidement vers le fond mais les plus petites semblaient être suspendues dans l'air pendant près d'une minute. Elles exécutaient une danse extrêmement fascinante.

Le lendemain matin, Fletcher apporta une grande rangée de piles capables de produire un millier de volts et les connecta aux plaques en laiton. Allumant le courant, il observa avec excitation comment une partie des gouttelettes était poussée doucement vers le haut tandis que d'autres étaient tirées vers le bas, le frottement du minuscule embout du vaporisateur leur ayant donné des charges positives ou négatives. Lorsque Millikan vit à quel point son idée fonctionnait, il fut fou de joie. Fletcher et lui perfectionnèrent le dispositif et passèrent presque tous les après-midi des six mois suivants à relever des données.

Conçue et fabriquée à la main par la Philip Harris Company de Birmingham, en Angleterre, mon installation était une version simplifiée de celle de Millikan. Mais l'idée était la même. Les plaques en laiton étaient installées à l'intérieur d'une plate-forme en plexiglas à trois pieds qui reposait sur une base en bois dur et sombre mesurant environ trente-huit centimètres sur cinquante. D'un côté se trouvait la source lumineuse : un boîtier cylindrique en métal, peint dans le gris de laboratoire habituel, avec une lentille pour concentrer la lueur. Il manquait l'ampoule aux dimensions britanniques mais je pus lui substituer une lampe halogène ordinaire alimentée par un vieux transformateur de train électrique.

Pour scruter les gouttes dansant entre les plaques, il y avait un télémicroscope (croisement entre un télescope et

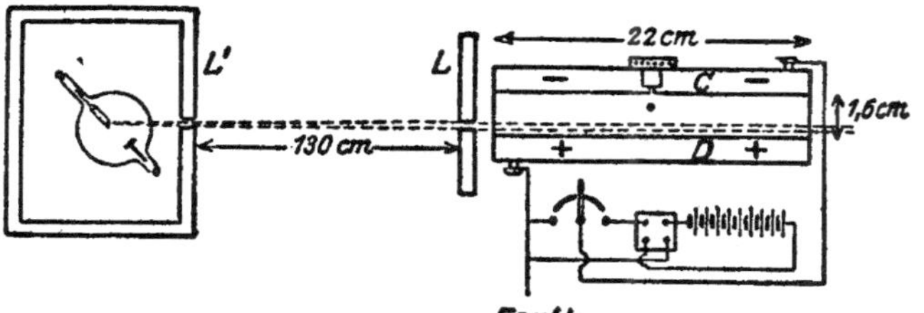

Une première version de l'expérience de la goutte d'huile de Millikan. Des gouttelettes tombent à travers le trou d'épingle et dans l'espace entre les plaques de laiton C et D, qui sont connectées par un interrupteur à une pile. À gauche se trouve une source de rayons X utilisée pour faire tomber les électrons des gouttes et changer leur charge.

un microscope) équipé d'un réticule de mesure quadrillé et d'un interrupteur à couteau pour actionner l'électricité. Le bouton *up* envoyait de l'électricité aux plaques (« Ne dépassez pas 2 000 volts » conseillait le panneau d'instructions en bakélite noir). Et le bouton *down* les court-circuitait et dispersait la charge. Après avoir démonté les différentes parties pour nettoyer la poussière et l'huile accumulée par les expériences d'un millier d'étudiants, j'étais prêt à faire mon premier essai.

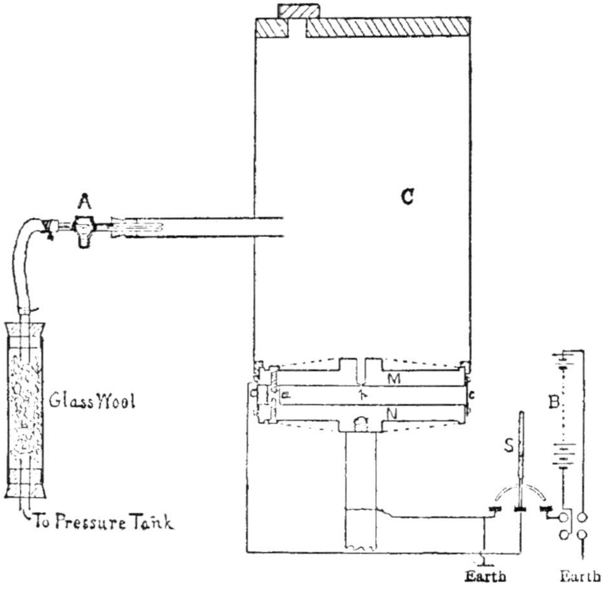

Une version ultérieure de l'expérience de la goutte d'huile. Un vaporisateur commercial (A) utilise de l'air filtré pour vaporiser de l'huile dans la chambre C d'où une goutte tombe de temps en temps à travers le trou d'épingle sur la plaque supérieure (M).

Je remplis un vaporisateur à parfum d'huile minérale ordinaire et la vaporisai dans la chambre située au-dessus de la plaque en laiton supérieure. Puis j'attendis que quelques gouttelettes tombent à travers le minuscule trou. Elles ressemblaient davantage à des grains de poussière dans un rai de lumière qu'à de petites étoiles. Mais l'effet était hypnotisant. J'en choisissais une qui tombait tout droit et lentement et allumais la tension de la plaque. Si elle se mettait soudain à se déplacer vers le haut, je savais qu'elle portait une charge. Basculant

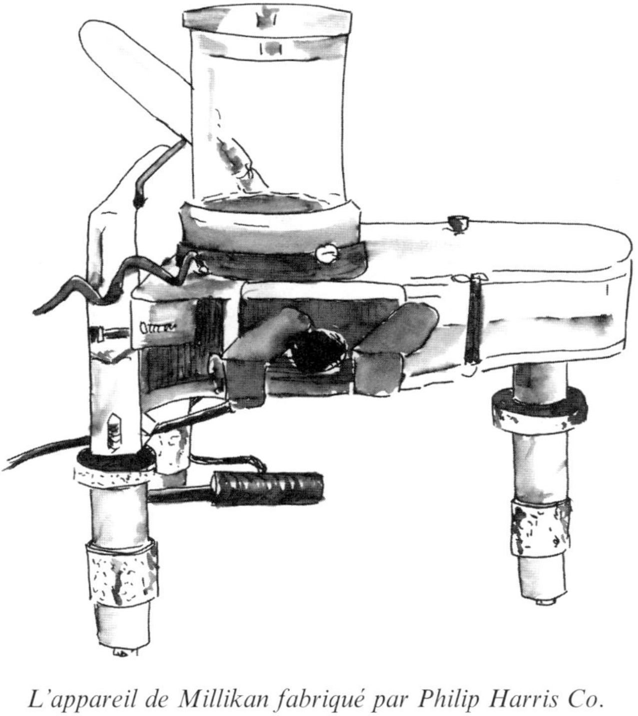

L'appareil de Millikan fabriqué par Philip Harris Co. Dessin d'Alison Kent.

l'interrupteur à couteau de haut en bas et ajustant la tension, je chronométrai les gouttes lorsqu'elles montaient et descendaient entre les lignes de l'oculaire : 4,2 secondes vers le bas, 2,6 secondes vers le haut... 6,8 vers le bas, 4,0 vers le haut... 7,1 et 2,2... 8,1 et 3,3.

Je commençais à comprendre. Mais pour le faire correctement, je devais rester assez longtemps sur une goutte isolée pour observer les variations soudaines dans le temps d'ascension, qui signaleraient qu'elle avait gagné ou perdu un électron. Lorsque j'aurai recueilli les données d'une douzaine de gouttes et estimé leur masse (grâce à une équation appelée loi de Stokes[24]), je pourrais calculer l'unité fondamentale de la charge.

Ces choses semblent tellement simples dans les livres de physique. On ne vous parle jamais de plaques de laiton qui font des courts-circuits et des étincelles à cause d'une pince métallique qui a glissé dans une mauvaise position. Ni d'une vaporisation d'huile excessive qui bouche le trou d'épingle. Je confondais une goutte avec une autre ou avec un corps flottant dans mon œil. Je me fixais sur ce qui semblait être le parfait spécimen puis l'observais impuissant dériver hors du plan focal. Parfois une goutte était si lourde qu'elle coulait comme un pierre ou portait une charge si importante que lorsque j'allumai la tension, elle était propulsée hors de vue. Je fis des essais et échouai de nombreuses fois avant de me rendre à l'évidence : maîtriser une expérience aussi délicate était pour moi aussi difficile qu'apprendre à jouer du violon ou du moins à fabriquer de bons meubles.

Le maestro Millikan était si adroit qu'il pouvait attraper une goutte d'huile dans son viseur, rentrer chez lui pour dîner, revenir plus tard le même soir et la retrouver qui avait à peine bougé. Son assistant Fletcher à ses côtés, il annonçait les changements de vitesse alors que les électrons sautaient dans et hors d'une gouttelette comme les passagers d'un *cable car*[25] de San Francisco. S'ils avaient besoin d'une petite stimulation, il ouvrait une petite porte en plomb et les bombardait de radium.

Ses données sur les gouttes d'eau avaient déjà fait l'objet d'une critique de la part d'un expérimentateur autrichien qui prétendit bientôt avoir découvert des « subélectrons[26] » et affirma qu'il n'existait pas d'unité de charge minimale. Mais ce qu'avait découvert Millikan dans sa première expérience plus rudimentaire fut largement confirmé par les gouttes d'huile. Les électrons existaient vraiment. Un après-midi, Charles Proteus Steinmetz, l'ingénieur électricien pionnier vint assister aux expériences. « Je ne l'aurais jamais cru », dit-il en serrant la main de Fletcher. « Je ne l'aurais jamais cru[27]. »

Au début des années 1910, ils commencèrent à recopier les résultats[28] et, au cours des trois années suivantes, Millikan continua de perfectionner l'expérience. Le simple engin posé sur une table se transforma en un appareil de haute technologie avec air filtré, température, pression et tension étroitement régulées et une horloge indiquant les millisecondes. Ses progrès dans l'étude des gouttes étaient aussi importants. Il notait les mouvements vers le haut et vers le bas dans son carnet :

> Très bas quelque chose ne va pas... pas sûr de la distance... Peut-être une double goutte... Beauté Publier... Bonne pour une très petite... Exactement

Juste... Il y a un problème... Ne comprends pas... Publier cette Belle.

Lorsqu'il affûta ses réflexes, la fréquence des belles gouttes augmenta :

Parfaite Publier... Meilleure jusqu'ici.

C'était comme si les électrons eux-mêmes scintillaient dans la lumière[29].

« Celui qui a vu cette expérience... a en fait VU l'électron », écrivit plus tard Millikan, insérant des italiques dans ses notes manuscrites. *« Il peut compter le nombre d'électrons dans une petite charge électrique donnée avec exactement autant de certitude qu'il peut compter ses doigts et ses orteils[30]. »*

En 1913, il publia sa valeur définitive pour l'unité basique de la charge électrique : $1{,}5924 \times 10^{-19}$ coulombs[31] (la valeur admise aujourd'hui est juste légèrement supérieure, $1{,}60217653 \times 10^{-19}$). Dix ans plus tard il recevait un Prix Nobel.

L'histoire eut un étrange dénouement. Après la mort de l'assistant de Millikan, Harvey Fletcher, en 1981, un mémoire fit surface décrivant à la fois sa gratitude à Millikan pour l'avancée de sa carrière et sa déception de ne pas avoir reçu davantage de reconnaissance pour l'expérience de la goutte d'huile[32]. Selon Fletcher, son professeur était arrivé un jour à l'improviste chez lui pour lui proposer un marché. Millikan serait l'unique auteur de l'article sur la charge de l'électron mais Fletcher se verrait attribuer tout le mérite pour une collaboration moins importante.

L'insistance de Fletcher pour que ce récit soit publié de manière posthume ajoutait à sa crédibilité mais ôtait également à Millikan (mort en 1953) toute possibilité de réponse. À en juger d'après son autobiographie, Millikan n'était pas quelqu'un avec qui il ferait bon se retrouver coincé sur une île déserte ni même sur un vol longue distance. Il pouvait se montrer condescendant et même un peu intolérant[33]. Même s'il a été la force indiscutable qui a permis d'isoler et de mesurer l'électron, il aurait probablement pu se montrer plus généreux envers son étudiant. La beauté réside ici dans l'expérience et non dans l'expérimentateur.

Plus troublantes furent les accusations plus tardives selon lesquelles Millikan aurait falsifié ses livres. Les annotations dans ses journaux de laboratoire, extraits des archives, furent interprétées comme une preuve qu'il avait passé ses données au peigne fin afin de trouver des résultats qui confirmaient ses présomptions[34].

Cette accusation sonne faux aux oreilles de quelqu'un qui a lutté avec l'expérience de la goutte d'huile. Millikan, je pense, avait simplement développé une intuition pour le mécanisme, un sixième sens lui permettant de savoir quand il y avait eu un problème : un glissement du pouce sur le chronomètre, une soudaine fluctuation de température ou de tension cathodique, une particule de poussière se faisant passer pour une goutte d'huile. Il savait quand il avait réalisé un mauvais essai.

En mettant ces allégations infondées de côté, il est plus intéressant de se demander comment il est possible de ne pas confondre ses instincts et ses suppositions, en poussant inconsciemment un instrument, comme un Ouija[35], afin d'obtenir la réponse espérée. C'est quelque chose contre quoi doit lutter tout expérimentateur. L'instrument le plus capricieux d'un équipement de laboratoire sera toujours le cerveau humain.

Postface

La onzième plus belle expérience

À l'automne 2006, alors que j'étais en résidence en tant qu'écrivain scientifique au Kavli Institute for Theoretical Physics (Institut de Kavli pour la physique théorique) à Santa Barbara, en Californie, je fis un exposé sur *Les dix plus belles expériences scientifiques*. À la fin, une femme vint me demander pourquoi il n'y avait que des hommes dans ce livre.

J'avais pensé inclure Marie Curie pour sa découverte du radium, distillant laborieusement un peu de la substance brillante à partir de tonnes de minerai radioactif. Mais cela me sembla davantage une exploration héroïque qu'une interrogation contrôlée de la nature. Lise Meitner semblait une candidate plus probable mais ses expériences pionnières dans le domaine de la fission nucléaire dans les années 1930 furent effectuées en collaboration avec Otto Hahn et Fritz Strassmann. La science était déjà en train de devenir l'effort de collaboration qu'elle est aujourd'hui. L'article annonçant la découverte du quark *top* comportait 439 noms.

Si je devais dépasser ma limite arbitraire, la onzième plus belle expérience pourrait être la découverte du facteur de croissance nerveux par Rita Levi-Montalcini, le travail de Barbara McClintock sur la régulation génétique et les éléments transposables ou la magnifique démonstration de Chien-Shiung Wu prouvant que la désintégration des électrons enfreint la loi de conservation de la parité.

À peine avais-je terminé mon livre, que je m'adressai déjà des reproches. Pourquoi pas Rutherford et le noyau atomique, James Chadwick et le neutron ou Heike Kamerlingh Onnes et la superconductivité ? En biologie, il y avait Gregor Mendel et les expériences sur la génétique effectuées dans son jardin ainsi qu'Oswald Avery qui démontra que les gènes sont constituées d'ADN, ce qui fut confirmé en beauté par la célèbre expérience du mixeur Waring d'Alfred Hershey et Martha Chase. Grâce à ce que certains appelèrent la plus belle expérience de biologie, Matthew Meselson et Franklin Stahl confirmèrent que l'ADN se répliquait comme l'avait prédit la double hélice de Watson et Crick.

Au fur et à mesure de l'avancée du XXe siècle, la récolte diminue, la nature s'agrippe à ses derniers secrets. Les jours où on pouvait encore dévoiler une pièce inconnue du puzzle sont peut-être derrière nous. Mais on ne sait jamais. La onzième plus belle expérience n'a peut-être pas encore eu lieu.

Notes

Exergue

1. Paul Arthur Schilpp, *Albert Einstein : Philosopher-Scientist* (La Salle, III. : Open Court, 1979, paru pour la première fois en 1949), p. 3, 9.

Prologue

1. Robert Millikan, *Physical Review* 32 (1911), p. 349, extrait de Morris H. Shamos, *Great Experiments in Physics* (New York, Dover, 1987), p. 243.

2. L'étude de *Physics World* parut en septembre 2002 (Robert P. Crease, « The Most Beautiful Experiment », p. 19-20) et constitua la base du livre de Crease *The Prism and the Pendulum : The Ten Most Beautiful Experiments in Science* (New York, Random House, 2003).

3. Citation tirée du premier volume de Silvanus Phillips Thompson, *The Life of Lord Kelvin*, 2e éd. (New York, Chelsea, 1976), p. 292.

Chapitre premier

1. Galilée, *Discorsi e dimostrazioni matematiche intorno a due nuove scienze*, publié dans *Le Opere di Galileo Galilei*, Éditions nationales, Florence, Tip. Di Barbèra, 1890, p. 204. Traduit en français par Maurice Clavelin, *Discours concernant deux sciences nouvelles*, Paris, PUF, 1995. Les citations sont issues de la traduction de Clavelin et la pagination est celle de *Le Opere*.

2. Arthur Koestler est particulièrement sévère dans *Les somnambules*.

3. *Opere*, p. 109.
4. *Ibid.*, p. 213.
5. Voir Paul D. Sherman, « Galileo and the Inclined Plane Controversy », *Physics Teacher* 12 (1974), p. 343-348.
6. Alexandre Koyré, « An Experiment in Measurement », *Proceedings of the American Philosophal Society* 97, n° 2 (1953), p. 222-237.
7. Stillman Drake, « The Role of Music in Galileo's Experiments », *Scientific American* 232, n° 6 (juin 1975), p. 98-104.
8. Pour en savoir plus sur l'analyse de Drake, voir « Galileo's Discovery of the Law of Free Fall », *Scientific American* 228, n° 5 (mai 1973), p. 84-92 ; l'introduction de sa traduction de *Discorsi e dimostrazioni matematiche intorno a due nuove scienze* ; et son essai « Discovery of the Law of Fall », qui est annexé à la deuxième édition, et également *Galileo Studies* (traduit en français chez Actes Sud sous le titre *Galilée*) et *Galileo at Work*,.
9. Thomas Settle, « An Experiment in the History of Science », *Science* 133 (1961), p. 19-23.
10. « Role of Music », art. cit., p. 98.
11. Cantique anglais du XIXe siècle. NdT.
12. *Ibid.*, p. 100.

Chapitre 2

1. Harvey, *Exercitatio anatomica de motu cordis et sanguinis in animalibus*, (*Étude anatomique des mouvements du cœurs et du sang chez les animaux*), Francfort, 1628 (les numéros de chapitre et de paragraphe sont ceux de Harvey).
2. *Des mouvements du cœur*, IV.17.
3. *Ibid.*, IV.16.
4. Terme grec qui signifie « souffle », « esprit » ou « âme ». NdT.
5. La meilleure source de détails biographiques sur Harvey est Keynes, *The Life of William Harvey*.
6. *Aubrey's Brief Lives*, p. 130-131.
7. *Des mouvements du cœur*, I.1.
8. *Ibid.*, IX.8.
9. *Ibid.*, V.3-6.

10. Cette citation est tirée d'un autre ouvrage de Harvey : *Exercitationes de Generatione Animalium*. NdT.

11. Stephen Finney Mason, *A History of the Sciences*, nouvelle éd. revue (New York : Collier, 1962), p. 219.

12. *Des mouvements du cœur* IX.2-5.

13. 1 once = 3 cl. NdT.

14. 1 pinte = 47,32 cl. NdT.

15. *Des mouvements du cœur* X.6-7.

16. « A Second Disquisition to John Riolan », *The Works of William Harvey*, p. 109.

17. *Aubrey's Brief Lives*, p. 128.

Chapitre 3

1. Pour l'histoire ancienne de l'optique, voir Sabra, *Theories of Light*.

2. Descartes décrit son expérience avec la sphère remplie d'eau dans son traité « Les Météores ».

3. Hall, *All Was Light*, p. 18.

4. Les premières expériences optiques de Newton sont décrites dans son article « Of Colours » (Cambridge University Library, ajout manuscrit 3975, p. 1-22) et résumées et interprétées dans J. Gleick, *Isaac Newton*, R. Westfall, *Newton*, et *All Was Light*, p. 33-38. Tous les manuscrits scientifiques de Newton ainsi que ses écrits sur l'alchimie et la religion sont disponibles en ligne sur le site du Newton Project.

5. « Of Colours », 1. (J'ai utilisé les numéros des paragraphes du manuscrit.)

6. La chronologie précise des expériences optiques de Newton est un peu confuse et on peut se demander quelle partie du travail a été effectuée à Woolsthorpe et quelle partie à Cambridge. Voir R. Westfall, *Newton, 1642-1727*.

7. « Of Colours », 56.

8. *Ibid.*, 36.

9. *Ibid.*, 58-60.

10. *Ibid.*, 62-63.

11. *Ibid.*, 64.

12. *Ibid.*, 6.

13. Cette expérience est décrite dans « Fair Copy of "A Theory Concerning Light and Colors" » (Cambridge University Library, ajout manuscrit 3970.3ff.), p. 460-466. Ce texte fut ensuite publié sous le titre « New Theory About Light and Colors », *Philosophical Transactions of the Royal Society* 80 (19 février 1671-1672). Les deux versions sont disponibles en ligne sur le site du Newton Project. Pour des récits et analyses de l'expérience, voir R. Westfall, *Newton, 1642-1727* et A. I. Sabra, *Theories of Light*, p. 234-244.

14. Cette citation, comme les suivantes, est extraite de « Theory Concerning Light and Colors ».

15. Westfall expose les détails dans *Newton* et note que Newton avait eu une intuition au sujet de l'hétérogénéité de la lumière blanche dès 1664 à Cambridge.

16. « Of Colours », 6.

17. « Theory Concerning Light and Colors ».

18. *Ibid.*

19. *Ibid.*

20. « A Letter of The Learn'd Franc Linus... animadverting upon Mr Newtons Theory of Light and Colors » et « An Answer to this Letter », *Philosophical Transactions of the Royal Society* 110 (25 janvier 1674-1675). Disponibles en ligne sur le site du Newton Project.

Chapitre 4

1. Djerassi et Hoffmann, *Oxygène*.

2. Donovan, *Antoine Lavoisier*, p. 47.

3. L'expérience de la combustion des diamants est décrite dans Poirier, *Lavoisier*.

4. Poirier, *Lavoisier*.

5. Ancien nom de l'acide sulfurique. NdT.

6. Portsmouth Collection (ajout manuscrit 3975), Cambridge University Library, Cambridge University, pp. 32-44.

7. Ancien nom de l'acide chlorhydrique. NdT.

8. Chlorure d'ammonium. NdT.

9. Le manuscrit se trouve à l'université de Yale (Bibliothèque Beinecke, Mellon manuscrit 79) et en ligne sur le site du Newton Project. Le passage est copié à partir de George Starkey, *The Marrow of Alchemy* (1654). Pour la signification des termes alchimiques, je me suis référé à une analyse de William Newman, historien des sciences à l'université d'Indiana, qui se trouve sur le site Internet de PBS pour l'émission *Nova* « Newton's Dark Secrets. »

10. Pour l'histoire de l'hypothèse du phlogistique, se référer à Stephen Finney Mason, *Histoire des sciences*, traduit de l'anglais par Marguerite Vergnaud.

11. Oxyde. NdT.

12. Poirier, *Lavoisier*.

13. *Ibid.*.

14. *Ibid.*.

15. *Ibid.*.

16. Les détails sur la femme de Lavoisier et son rôle dans ses expériences se trouvent dans Roald Hoffmann, « Mme Lavoisier », *American Scientist* 90, n° 1 (janvier-février 2002) : 22. Un musée virtuel du travail de Lavoisier, comprenant une chronologie détaillée de ses expériences et des photographies d'une partie de son matériel est en train d'être mis en ligne sur le site Panopticon Lavoisier. De plus, les œuvres complètes de Lavoisier en français sont disponibles sur le site Internet *Les Œuvres de Lavoisier*.

17. Priestley écrivit un ouvrage de trois tomes, *Experiments and Observations on Different Kinds of Air* (imprimé à Londres pour J. Johnson, 1774). Pour une brève histoire de cet ouvrage, voir Mason, *Histoire des sciences*.

18. En français dans le texte. NdT.

19. Dans les expériences avec le phosphore et le soufre, il vit également des signes d'absorption d'air et un chimiste parisien avait rapporté un résultat similaire. Voir Guerlac, *Lavoisier*, p. 79.

20. Poirier, *Lavoisier* et Guerlac, *Lavoisier*, p. 79-80. L'expérience avec l'étain est décrite dans *Histoire des sciences*. L'appareil de l'expérience avec la litharge, appelé cuve pneumatique était une variation de celui conçu par Stephen Hales.

21. Les estimations du prix du *mercurius calcinatus* sont tirées de Poirier, *Lavoisier*.

22. *Ibid.*

23. *Ibid.*

24. *Ibid.*

25. *Ibid.*. Lavoisier utilisa ces mots dans un discours à l'Académie des sciences en avril 1775 qui fut publié sous le titre « Mémoire sur la nature du principe qui se combine avec les métaux pendant leur calcination et qui en augmente le poids » Trois ans plus tard, il modifia son article avec sa nouvelle interprétation. James Bryant Conant compara les deux versions dans « The Overthrow of the Phlogiston Theory » dans *Harvard Case Histories in Experimental Science*, vol. 1 (Cambridge, Mass. : Harvard University Press, 1957).

26. Poirier, *Lavoisier*.

27. Lavoisier rapporta les résultats de son expérience avec le matras à l'Académie des sciences le 3 mai 1977 sous le titre « Expériences sur la respiration des animaux et sur les changements qui arrivent à l'air par leur poumon », et plus tard dans le chapitre 3 de son *Traité élémentaire de chimie*.

28. *Traité élémentaire de chimie*..

29. *Ibid*..

30. Poirier, *Lavoisier*.

31. *Ibid*..

32. Elle provient apparemment d'un commentaire fait lors d'une émission de Discovery Channel et dans certaines versions, l'assistant comptant les clignements était Lagrange. Pour une démystification de la légende, voir William B. Jensen, « Did Lavoisier Blink ? » *Journal of Chemical Education* 81 (2004) : 629.

Chapitre 5

1. Galvani, *De viribus electricitatis in motu musculari commentarius*, p. 40.

2. L'expérience de Symmer est décrite dans Heilbron, *Electricity in the 17th and the 18th Centuries*, p. 431-37 et dans Pera, *The Ambiguous Frog*, p. 38-39.

3. *The Ambiguous Frog*, p. 39, citant Robert Symmer, « New Experiments and Observations Concerning Electricity », *Philosophical Transactions* 61 (1759), p. 340-89.

4. La vogue électrique du XVIIIe siècle est décrite dans *Electricity in the 17th and the 18th Centuries*, p. 263-70 ; *The Ambiguous Frog*, p. 3-18 ; et Fara, *An Entertaining for Angels*.

5. *The Ambiguous Frog*, p. 60-61, citant Priestley, *Experiments and Observations on Different Kinds of Air*, p. 277-279.

6. L'expérience de Galvani près du Palazzo Zamboni est décrite dans *The Ambiguous Frog*, p. 80.

7. *Commentary*, p. 40.

8. Les expériences avec la balustrade et la boîte en argent sont décrites dans *De viribus electricitatis*, p. 40-41 et *The Ambiguous Frog*, p. 81-83.

9. *The Ambiguous Frog*, p. 82. Galvani décrit la scène dans *De viribus electricitatis*, p. 43-44.

10. *Ibid.*, p. 81.

11. *The Ambiguous Frog*, p. 98.

12. *Ibid.*, p. 100.

13. *Ibid.*, p. 105.

14. *Ibid.*, p. 114.

15. *Ibid.*, p. 113.

16. *Ibid.*, p. 119-22.

17. *Ibid.*, p. 122.

18. *Ibid.*, p. 123.

19. *Ibid.*, p. 129.

20. *IBID.*, p. 13.

21. La pile de Volta est décrite in *ibid.*, p. 153-158.

22. *Ibid.*, p. 147-48.

Chapitre 6

1. Jones, *The Life and Letters of Faraday*, vol. 2, p. 473-74. Jones date la lettre du 22 avril 1867.

2. Faraday, *Experimental Researches in Electricity*, troisième série, paragraphe 280.

3. Wooley, *The Bride of Science*, p. 274.

4. *Ibid.*, p. 306.

5. *Ibid.*, p. 305.

6. Hamilton, *A Life of Discovery*, p. 318.

7. Oersted décrivit sa découverte dans « Experiments on the Effect of a Current of Electricity on the Magnetic Needle », *Annals of Philosophy* 16 (1820), p. 276.

8. Les expériences de Faraday avec un moteur électrique rudimentaire sont décrites dans *Faraday's Diary*, p. 50-51 et sont résumées dans Williams, *Michael Faraday*, p. 156 et *A Life of Discovery*, p. 164-65.

9. *A Life of Discovery*, p. 151-56.

10. Williams, *Michael Faraday*, p. 109.

11. *Ibid.*, p. 177-718.

12. *A Life of Discovery*, p. 236-37, citant les journaux de Faraday.

13. L'expérience est décrite dans Williams, *Michael Faraday*, pp. 182-83 ; dans *Faraday's Diary*, 29 août 1831, p. 367 ; et dans *Experimental Researches in Electricity*, première série, paragraphes 27-28.

14. Williams, *Michael Faraday*, p. 183.

15. Il s'agit de Johan Ritter, *ibid.*, p. 228-30.

16. *A Life of Discovery*, p. 293-294.

17. *Ibid.*, p. 319.

18. Une lettre de William Thomson, le futur Lord Kelvin, a peut-être également été déterminante : Williams, *Michael Faraday*, p. 383-84.

19. Faraday décrit une tentative antérieure d'utiliser une cuve d'électrolytes dans son journal à la date du 10 septembre 1822, p. 71.

20. D'après l'histoire officielle mise en ligne sur le site Internet de la Trinity House.

21. *A Life of Discovery*, p. 322-323.

22. Faraday décrit ses expériences avec des rayons lumineux dans le vol. 4 de son journal, paragraphes 256-267 et dans la neuvième série de *Experimental Researches*, 2146-2172. Le récit de ces expériences se trouve également dans Williams, *Michael Faraday*, p. 384-387.

23. *A Life of Discovery*, p. 327.

24. Williams, *Michael Faraday*, p. 386. L'édition de 1932 du journal, publiée par Thomas Martin, inclut un fac-similé de la page manuscrite avec le mot souligné trois fois.

25. A Life of Discovery, p. 334.

26. *Ibid.*, p. 320.

Chapitre 7

1. Truesdell, *The Tragicomical History of Thermodynamics*, p. 164-165.

2. Thompson, *The Life of Lord Kelvin*, p. 19.

3. *Life of Lord Kelvin*, p. 265 et dans Cardwell, *James Joule*, p. 88-89.

4. *James Joule*, p. 82-83 et Lindley, *Degrees Kelvin*, p. 74-75.

5. *James Joule*, p. 85.

6. Ibid., p. 407. En français dans le texte.

7. Poirier, *Lavoisier*. Poirier décrit également une liaison extra-conjugale qu'elle eut avec l'économiste Pierre Samuel du Pont de Nemours, père du fondateur de la société de chimie.

8. Benjamin Thompson, « An Inquiry Concerning the Source of the Heat Which is Excited by Friction », *Philosophical Transactions of the Royal Society* 88 (1798) : 80-102 ; extrait de Magie, *A Source Book in Physics*, p. 159-60.

9. Hooke, *Micrographia*. Observ. VI. « Of Small Glass Canes », p. 12.

10. Les expériences de chocs électriques effectuées par Joule pendant son enfance et d'autres détails biographiques sont tirés de *James Joule*, p. 13-16.

11. *The Scientific Papers of James Prescott Joule*, vol. 1, p. 14.

12. *Ibid.*, p. 47 ; *James Joule*, p. 36.

13. Les moteurs de Joule sont décrits dans *Scientific Papers*, vol. 1, p. 1-3, 16-17 et dans *James Joule*, p. 32-37.

14. 1 livre = 453 g. NdT.

15. Soit 680 tonnes. NdT.

16. Soit 457 km. NdT.

17. Soit 2M J. NdT.

18. *James Joule*, p. 37, citation d'une conférence publique à la Royal Victoria Gallery le 16 février 1841.

19. Joule rapporta son expérience avec la manivelle dans la partie 1 de « On the Calorific Effects of Magneto-Electricity, and on the Mechanical Value of Heat », *Scientific Papers*, vol. 1, p. 123-59 ; voir aussi *James Joule*, p. 53-56.

20. L'expérience avec les poulies se trouve dans la partie 2 de « Calorific Effects », p. 149-57 et dans *James Joule*, p. 56-58.

21. Soit 380 kg. NdT.

22. 1 pied = 30 cm. NdT.

23. Un écart d'un degré Fahrenheit correspond à un écart de 0,56 degré Celsius. NdT.

24. Soit 255 m. NdT.

25. *Scientific Papers*, vol. 2, p. 215.

26. Joule publia l'expérience présentée à Oxford sous le titre « On the Mechanical Equivalent of Heat, as Determined by the Heat Evolved by the Friction of Fluids », *Scientific Papers*, vol. 2, p. 277-81. Pour les perfectionnements ultérieurs voir l'article au titre similaire « On the Mechanical Equivalent of Heat », *Scientific Papers*, vol. 1, p. 298-328.

27. Soit 13 kg. NdT.

28. 1 m 60. NdT.

29. 8,3 kJ. NdT.

30. 26 kg. NdT.

31. 32 m. NdT.

32. 0,37 °C. NdT.

33. 223 g. NdT.

34. 1,1 kJ. NdT.

35. 1 kJ. NdT.

36. 235 m. NdT.

37. *Life of Lord Kelvin*, p. 288.

38. *Ibid.*, p. 291.

Chapitre 8

1. Maxwell, *Matter and Motion*, cité dans Swenson, *Ethereal Aether*, p. 30.

2. Livingston, *Master of Light*, pp. 111-15.

3. Dans une lettre à son père, le 27 septembre 1885, Morley fait référence à « des symptômes indiquant un ramollissement du cerveau ». Cité dans *Master of Light*, p. 112.

4. Michelson, *Light Waves and Their Uses*, p. 2.

5. *Two New Sciences*, *Opere*, p. 88.

6. Pour l'histoire antérieure des mesures de la vitesse de la lumière voir *Master of Light*, pp. 47-49 et Norriss S. Hetherington, « Speed of

Light », dans J. L. Heilbron, éd., *The Oxford Companion to the History of Modern Science* (New York : Oxford University Press, 2003), p. 467-68.

7. L'article de Roëmer sur la vitesse de la lumière fut traduit en anglais sous le titre « A Demonstration Concerning the Motion of Light », *Philosophical Transactions of the Royal Society* 12 (25 juin 1677), p. 893.

8. Bradley décrivit l'aberration de la lumière dans « An Account of a New Discovered Motion of the Fixed Stars », *Philosophical Transactions of the Royal Society* 35 (1727-28), p. 637-61. Les deux se trouvent dans Magie, *A Source Book in Physics* (cité dans les notes du chapitre 3), p. 335-40. La valeur réelle de leurs estimations varie selon qu'elles sont basées sur les distances planétaires telles qu'elles étaient connues à l'époque ou sur les valeurs d'aujourd'hui. J'ai utilisé les chiffres des articles sur Roëmer et Bradley de l'*Encyclopaedia Britannica.*

9. L'expérience de Fizeau apparaît sous le titre « Sur une expérience relative à la vitesse de propagation de la lumière », *Comptes Rendus* 29 (1849), p. 90.

10. Foucault décrit son expérience dans « Détermination expérimentale de la vitesse de la lumière : parallaxe du Soleil », *Comptes Rendus* 55 (1862), p. 501-503, 792-796.

11. Les détails biographiques sur la jeunesse de Michelson proviennent de *Ethereal Aether*, p. 33-43 et de *Master of Light*, p. 11-44.

12. Michelson décrit son expérience sur la vitesse de la lumière dans « Experimental Determination of the Velocity of Light » *Proceeding AAAS*, vol. 27 (1878), pp. 71-77. Pour un résumé voir *Master of Light*, p. 51-63. Son article manuscrit original fut réimprimé et publié sous forme de fac-similé par Honeywell en 1964.

13. 600 m. NdT.

14. *Velocity of Light*, p. 5.

15. *Master of Light*, p. 63.

16. Newton utilisa ces mots dans « A Theory Concerning Light and Colors ».

17. Newton utilise le terme dans son ouvrage *Optique*.

18. Le voyage en Europe est décrit dans *Ethereal Aether*, p. 67-68. Selon *Master of Light*, p. 74-75, Michelson se rend d'abord à Berlin puis à Paris en 1881.

19. *Master of Light*, p. 77.

20. Pour les expériences de Michelson à Berlin et Potsdam voir Michelson, « The Relative Motion of the Earth and the Luminiferous Aether », *American Journal of Science*, troisième série, 22 (août), p. 120-29. Décrites dans *Ethereal Aether*, p. 68-73 et *Master of Light*, p. 77-84.

21. Albert A. Michelson et Edward W. Morley, « On the Relative Motion of the Earth and the Lumineferous Ether », *American Journal of Science*, troisième série, vol. 34, n° 203 (novembre 1887), p. 124.

22. Bell fit cette observation en 1883 dans une lettre à sa femme citée dans *Master of Light*, p. 96-97.

23. *Ibid.*, p. 95-96.

24. *Ethereal Aether*, p. 81-87 et *Master of Light*, p. 110-11.

25. *Master of Light*, p. 121-22.

26. Dans une lettre à son père du 17 avril 1887 citée dans *Ethereal Aether*, p. 91.

27. « The Relative Motion », résumée dans *Ethereal Aether*, p. 91-97 et *Master of Light*, p. 126-33.

28. Ethereal Aether, p. 205-206.

29. *Ibid.*, p. 225-26.

30. *Light Waves and Their Uses, p.* 162.

31. Einstein nia cependant que les résultats de Michelson-Morley aient constitué en eux-mêmes une motivation pour ce travail.

Chapitre 9

1. Todes, *Pavlov's Physiology Factory*, p. 123, citant l'essai de Pavlov de 1893, « Vivisection ».

2. Les noms de certains des chiens de Pavlov se trouvent dans Tom Tully, « Pavlov's Dogs » (*Current Biology* 13, n° 4 : R117-19) et sur une page du site Internet du Cold Spring Harbor Laboratory.

3. Babkin, *Pavlov*, p. 162.

4. Les détails sur la vie de Pavlov proviennent de notes biographiques rédigées par son collègue et traducteur W. Horsley Gantt dans Pavlov, *Lectures on Conditioned Reflexes*, p. 11-31 ; *Pavlov*, p. 5-23 et Todes, *Ivan Pavlov*, p. 11-43.

5. Todes, *Ivan Pavlov*, p. 19.

6. Sechenov, *Reflexes of the Brain*, p. 4.

7. Todes, *Ivan Pavlov*, p. 59.

8. Pour les expériences de Pavlov sur la digestion, voir Todes, *Ivan Pavlov*, p. 53-65 ; *Pavlov*, p. 224-30 ; et Gray, *Ivan Pavlov*, p. 20-25.

9. Pavlov, *Conditioned Reflexes*, conférence 1, p. 8.

10. Pour un récit fascinant des tractations politiques autour du Nobel, voir *Pavlov's Physiology Factory*, p. 332-45.

11. *Pavlov*, p. 229.

12. Pavlov raconta ses expériences sur la salivation dans ses deux livres, *Conditioned Reflexes* et *Lectures on Conditioned Reflexes*, vol. 1. De bonnes sources de littérature secondaire sont Gray, *Ivan Pavlov*, p. 26-51 et Todes, *Ivan Pavlov*, p. 71-79.

13. *Lectures on Conditioned Reflexes*, p. 71.

14. *Pavlov*, p. 277.

15. *Lectures on Conditioned Reflexes*, p. 50.

16. *Ibid.*, p. 121.

17. James, *The Principles of Psychology*, p. 146.

18. *Ibid.*, p. 150.

19. *Ibid.*, p. 149.

20. *Ibid.*, p. 131.

21. Benjamin Libet décrit ses expériences sur le libre arbitre dans *Mind Time : The Temporal Factor in Consciousness* (Cambridge, Mass., Harvard University Press, 2004).

22. *Principles of Psychology*, p. 132-33.

23. *Lectures on Conditioned Reflexes*, p. 82.

24. *Ibid.*, p. 149.

25. *Ibid.*, p. 186-87.

26. *Conditioned Reflexes*, conférence 3, p. 41.

27. *Lectures on Conditioned Reflexes*, p. 233.

28. *Conditioned Reflexes*, conférence 7, p. 117-30 et conférence 13, p. 222 ; *Lectures on Conditioned Reflexes*, p. 140.

29. *Conditioned Reflexes*, conférence 2, p. 20.

30. *Lectures on Conditioned Reflexes*, p. 144-46 ; Frolov, *Pavlov and His School*, p. 60-62 ; et Todes, *Ivan Pavlov*, pp. 77-78.

31. *Pavlov and His School*, p. 61.

32. Pavlov décrit l'expérience sur les échelles ascendantes et descendantes dans *Lectures on Conditioned Reflexes*, p. 141. (Les notes étaient ré, mi, fa dièse et sol dièse.)

33. *Ibid.*, p. 59.

34. Todes et d'autres affirmèrent qu'il s'agissait d'une meilleure traduction du terme de Pavlov *uslovnyi refleks* que le terme plus courant de « réflexe conditionné ». Voir *Pavlov's Physiology Factory*, pp. 244-46.

35. Tim Tully décrivit sa recherche dans « Pavlov's Dogs », *Current Biology* 13, n° 4 : R118.

36. D'après un communiqué de presse de Cold Spring Harbor du 17 février 2003 disponible sur le site Internet du laboratoire.

37. Todes, *Ivan Pavlov*, p. 100.

Chapitre 10

1. William Crookes, « On Radiant Matter II », *Nature* 20 (4 septembre 1879) : 439-40.

2. Millikan se trompe en croyant que la conférence a eu lieu la veille de Noël : il raconte avoir assisté à la conférence de Röntgen dans *Evolution in Science and Religion*, p. 10-11. La véritable date de la réunion était le 4 janvier 1896. (Röntgen avait, en fait, donné une autre conférence en décembre 1895 à Wurtzbourg.) La conférence de Michelson souvent citée est évoquée dans *Autobiography*, pp. 39-40.

3. « On Electric Radiation », *Annalen der Physik* 36 (1889), p. 769 ; dans *A Source Book in Physics*, p. 549-61.

4. *Autobiography*, p. 11.

5. Le travail de Crookes est décrit dans des articles magnifiquement illustrés dans le volume 20 de *Nature :* « On Radiant Matter » (28 août 1879) : 419-23 et « On Radiant Matter II » (4 septembre 1879) : 436-40. Les deux sont réimprimés dans David M. Knight, *Classical Scientific Papers : Chemistry, Second Series. Papers on the*

Nature and Arrangement of the Chemical Elements (New York : American Elsevier, 1970), pp. 89-98.

6. « Radiant Matter II », 439. Crookes emprunta le terme à Faraday.

7. L'histoire des expériences du tube à décharge est décrite dans Weinberg, *The Discovery of Subatomic Particles*, pp. 20-25, 102-5.

8. « On a New Kind of Rays », traduit par Arthur Stanton, *Nature* 53 (1896) : 274-76. Une traduction différente est citée dans *A Source Book in Physics* (cité dans mes notes du chapitre 3), pp. 600-10.

9. « On the Rays Emitted by Phosphorescence », *Comptes Rendus* 122 (1896) : 420-21, 501-3 ; dans *A Source Book in Physics*, pp. 610-13.

10. J. J. Thomson décrivit ses expériences dans « Cathode Rays », *Philosophical Magazine* 44, n° 293 (1897) : 293-316. Un fac-similé apparaît dans Stephen Wright, *Classical Scientific Papers : Physics* (New York : American Elsevier, 1964). Weinberg analyse l'expérience dans *Discovery of Subatomic Particles*, pp. 12-71.

11. Le nom a été utilisé pour la première fois par le physicien irlandais George Johnstone Stoney dans « Of the Electron or Atom of Electricity », *Philosophical Magazine* 38 (1894), p. 418

12. Mon appareil de Thomson, fabriqué par Leybold, incluait également une grille de focalisation ou Wehnelt (du nom du physicien allemand qui l'inventa).

13. La formule pour le rapport charge-masse est v/Br où v est la vitesse des électrons, B, la force du champ magnétique et r le rayon du faisceau incurvé. Ce qui se révèle être équivalent à

$$\frac{2V(5/4)^3a^2}{(N\mu_0 Ir)^2}$$

a = le rayon de la bobine

N = le nombre de tours de fil dans la bobine

V = la tension d'accélération sur l'anode

I = les ampères du courant dans la bobine

R = le rayon du faisceau

μ_0 est une constante appelée perméabilité du vide ($4\pi \times 10^{-7}$), un facteur de conversion qui permet à toutes les unités (volts, ampères, coulombs, centimètres et grammes) de se combiner.

14. Supposant, bien sûr, un bloc d'alimentation de 100 volts.

15. Thomson envisagea également la possibilité que les électrons puissent avoir une plus grande masse et une plus petite charge mais cela aurait contredit les expériences de Philip Lenard suggérant que les corpuscules des rayons cathodiques étaient considérablement plus légers que les molécules d'air.

16. Millikan raconte cette histoire dans *Autobiography*, pp. 84-85.

17. L'expérience de Cavendish avec le brouillard de vapeur a été effectuée par H. A. Wilson et constitua une amélioration par rapport aux tentatives antérieures effectuées par Thomson et J. S. E. Townsend. Les expériences sont résumées dans *Autobiography*, pp. 85-87 et *The Electron*, pp. 45-47. Weinberg analyse ce travail dans *Discovery of Subatomic Particles*, pp. 91-95. L'appareil utilisé dans les expériences, une chambre à brouillard, a été inventé par l'Écossais C. T. R. Wilson, qui l'utilisa pour observer les traces des rayons cosmiques.

18. *Autobiography*, p. 89. Curieusement, Thomson utilisa la même comparaison quatorze ans plus tôt dans ses propres mémoires, *Recollections and Reflections*, p. 343.

19. *Autobiography*, pp. 89-91. Pour une analyse, voir « Subelectrons, Presuppositions and the Millikan-Ehrenhaft Dispute » dans Holton, *The Scientific Imagination*, p. 42-46.

20. *Autobiography*, p. 90. Millikan rapporta un résultat de $4{,}65 \times 10^{-10}$ unités électrostatiques (également appelées statcoulombs), qui se convertissent en $1{,}55 \times 10^{-19}$ coulombs.

21. La réunion de Winnipeg est décrite dans *The Scientific Imagination*, pp. 48-50. Le souvenir de Millikan à propos du trajet de retour en train se trouve dans *Autobiography*, pp. 91-92.

22. *The Scientific Imagination*, p. 50.

23. Harvey Fletcher, « My Work with Millikan on the Oil-Drop Experiment », *Physics Today* (juin 1982), p. 45.

24. La loi de Stokes (du nom du scientifique du XIXe siècle sir George G. Stokes) décrit comment les petits objets sphériques

tombent dans un milieu visqueux comme l'eau ou l'air. Millikan ajusta plus tard l'équation pour qu'elle s'applique plus étroitement aux objets aussi minuscules que ses gouttes d'huile.

25. Tramway à traction par câble. NdT.

26. Le physicien était Felix Ehrenhaft de l'université de Vienne.

27. Fletcher raconta cette histoire dans « My Work with Millikan », p. 46.

28. « The Isolation of an Ion, a Precision Measurement of Its Charge, and the Correction of Stoke's Law », *Science* 30 (septembre 1910), p. 436-48.

29. *The Scientific Imagination*, p. 70-71 et « In Defense of Robert Andrew Millikan », *Engineering and Science* 63, n° 4 (2000), p. 34-35.

30. *Autobiography*, p. 96-98.

31. Ou $4{,}774 \times 10^{-10}$ statcoulombs.

32. « My Work with Millikan. »

33. Voir, par exemple, *Autobiography*, p. 70. David Goostein donne d'autres exemples dans « In Defense of Robert Millikan. »

34. La controverse sur les données de Millikan est décrite dans les essais de Holton et Goodstein.

35. L'Ouija est une planchette de bois sur laquelle sont représentées les lettres de l'alphabet, les dix chiffres, ainsi que les termes « oui » et « non ». Ce dispositif est utilisé au cours de séances de spiritisme pour permettre à l'esprit contacté de se manifester de manière intelligible aux participants, en épelant les mots de son intervention. NdT.

Bibliographie

Chapitre premier. Galilée.
La vérité sur le mouvement des objets

Drake, Stillman. *Galilée*, trad. de l'ang. de Jean-Paul Scheidecker, Paris, Actes Sud, 1992.

—. *Galileo at Work : His Scientific Biography*, Chicago, University of Chicago Press, 1978.

Galilée. *Discours concernant deux sciences nouvelles*, trad. de Maurice Clavelin, Paris, PUF, 1995.

Koestler, Arthur. *Les Somnambules. Essai sur l'histoire des conceptions de l'Univers*, trad. de l'ang. De Georges Fradier, Paris, Calmann Levy, 1960, Le Livre de poche, 1967.

Richardt Aimé, Jean-Gérard Théobald, *La Vérité sur l'affaire Galilée*, Paris, éd. François-Xavier de Guibert.

Rowland, Wade. *Galileo's Mistake : A New Look at the Epic Confrontation Between Galileo and The Church.* 1re éd. aux États-Unis. New York : Arcade, 2003.

Shea, William. *La Révolution galiléenne*, trad de l'ang., Paris, Seuil, 1999.

Shea, William R. et Mariano Artigas. *Galileo in Rome : The Rise and Fall of a Troublesome Genius.* New York : Oxford University Press, 2003.

Sobel, Dava. *La Fille de Galilée*, trad de l'ang., Paris, Odile Jacob 2001.

Chapitre 2. William Harvey. Les mystères du cœur

Aubrey, John et Oliver Lawson Dick. *Aubrey's Brief Lives*. Ann Arbor : University of Michigan Press, 1957. On en trouve des extraits traduits en français par Jean-Baptiste de Seynes, *Vies brèves*, Paris, Obsidiane, 1989.

Harvey, William. *Exercitatio anatomica de motu cordis et sanguinis in animalibus*, Francfort, 1628, éd. fr. *De motu cordis. De la circulation sanguine*, Paris, Christian Bourgois, 1991.

—. *The Works of William Harvey*. Traduit par Robert Willis. Classics in Medicine and Biology Series. Philadelphie : University of Pennsylvania Press, 1989 ; paru pour la première fois en 1965.

Keynes, G. L. *The Life of William Harvey*. New York : Oxford University Press, 1966.

Pagel, Walter. *William Harvey's Biological Ideas : Selected Aspects and Historical Background*. Bâle, Suisse : S. Karger, 1967.

—. *New Light on William Harvey*. Bâle, Suisse : S. Karger, 1983.

Park, Roswell. *An Epitome of The History of Medicine*. Philadelphie : F. A. Davis, 1897.

Sournia Jean-Charles. *Histoire de la médecine*, Paris, La Découverte, 2004.

Chapitre 3. Isaac Newton. Ce qu'est une couleur

Blay, Michel. *Les figures de l'arc en ciel*, Paris, Carré, 1995.

Fauvel, John, éd. *Let Newton Be !* Réimpression. New York : Oxford University Press, 1990.

Feingold, Mordechai. *The Newtonian Moment : Isaac Newton and the Making of Modern Culture*, New York, Oxford University Press, 2004.

Gleick, James. *Isaac Newton, un destin fabuleux*, traduit de l'ang. par Christian Jean Mougin, Paris, Dunod, 2005.

Hall, A. Rupert. *All Was Light : An Introduction to Newton's Opticks*, New York : Oxford University Press, 1995.

Hooke, Robert. *Micrographia ; or, Some Physiological Descriptions of Minute Bodies Made by Magnifying Glasses, with Observations and Inquiries Thereupon.* Dover Phoenix Éditions, Mineola, N.Y. : Dover, 2003.

Newton Isaac. *Optique*, trad. de l'anglais de Jean-Paul Marat, Paris, Christian Bourgois, 1989.

Sabra, A. I. *Theories of Light : From Descartes to Newton.* New York : Cambridge University Press, 1981.

Westfall, Richard S. *Newton 1642-1727*, trad. l'ang., Paris, Flammarion, 1998.

Chapitre 4. Antoine Lavoisier.
La fille du fermier

Bell, Madison Smartt. *Lavoisier in the Year One : The Birth of a New Science in an Age of Revolution.* New York, Norton, 2005.

Bensaude-Vincent, Bernadette. *Lavoisier*, Paris, Flammarion, 1998.

Djerassi, Carl et Roald Hoffmann. *Oxygène*, trad. de l'ang. De Jean-Michel Kornprobst, Toulouse, PU Mirail, 2004.

Donovan, Arthur. *Antoine Lavoisier : Science, Administration and Revolution*, nouvelle éd. New York, Cambridge University Press, 1996.

Guerlac, Henry. *Antoine-Laurent Lavoisier, Chemist and Revolutionary*, New York, Scribner, 1975.

—. *Lavoisier-The Crucial Year : The Background and Origin of His First Experiments on Combustion in 1772*, Ithaca, N.Y., Cornell University Press, 1961.

Holmes, Frederic Lawrence. *Antoine Lavoisier : The Next Crucial Year ; or, The Sources of His Quantitative Method of Chemistry*, Princeton, N.J., Princeton University Press, 1998.

Lavoisier, Antoine-Laurent. *Traité élémentaire de chimie*, 1789, Paris, Jacques Gabay, 2000.

Poirier, Jean-Pierre. *Lavoisier, 1743-1794*, Paris, Pygmalion, 1997.

Chapitre 5. Luigi Galvani. Électricité animale

Blondel, Christine. *Histoire de l'électricité*, Paris, Pockett, Cité des Sciences et de l'Industrie 1993.

Borvon, Gérard. *Histoire de l'électricité, de l'ambre à l'électron*, Paris, Vuibert, 2009.

Fara, Patricia. *An Entertainment for Angels : Electricity in the Enlightenment*. New York : Columbia University Press, 2003.

Galvani Luigi, *De viribus electricitatis in motu musculari. Commentarius* (*Commentaires sur les forces électriques dans le movement musculaire*) trad. ang. *Commentary of the Effect of Electricity and Muscular Motion*, trad. de Robert Montraville Green, Cambridge, Mass, E. Licht, 1953.

Heilbron, J. L. *Electricity in the 17th and 18th Centuries : A Study of Early Modern Physics*. Berkeley : University of California Press, 1979.

Ostwald, Wilhelm. *Elektrochemie. Ihre Geschichte und Lehre*, 1896, trad. ang. *Electrochemistry : History and Theory*, New Dehli, Amerind., édité pour la Smithsonian Institution et la National Science Fondation, Washington, D.C., 1980.

Pancaldi, Giuliano, *Volta : Science and Culture in the Age of Enlightenment*, Princeton, N.J. : Princeton University Press, 2005.

Pera, Marcello. *The Ambiguous Frog : The Galvani-Volta Controversy on Animal Electricity*. Princeton, N.J. : Princeton University Press, 1992.

Volta, Alessandro. « Lettre du professeur Volta à J.-C. de la Mètherie sur les problèmes galvaniques », 1801, *Journal de physique*, n° 53, p. 309-316.

—. « De l'électricité dite galvanique », 1801, *Annales de chimie*, n° 40, p. 223-256.
—. « Lettre de Volta sur l'identité du fluide électrique avec le prétendu fluide galvanique, à M. Banks », 1802, *Journal de chimie*, n° 2, p. 158-159.

Chapitre 6. Michael Faraday. Quelque chose de profondément caché

Cantor, Geoffrey. *Michael Faraday, Sandemanian and Scientist*, Nouvelle éd. Londres, Palgrave Macmillan, 1993.

Dibner, Bern. *Oersted and the Discovery of Electromagnetism*, Norwalk, Conn., Burndy Library, 1961.

Faraday, Michael. *Histoire d'une chandelle*, 1861, trad. de l'ang. de W. Hugues, Paris, Hertzel, s.d.
—. *Experimental Researches in Electricity*, New York, Dover, 1965, paru pour la première fois en 1839-1855. Des extraits en ont été traduits en français, *Extrait des recherches expérimentales en électricité*, présenté par Germaine Hirtz, Paris, Gauthier-Villar, 1968.
—. *The Forces of Matter*, Great Minds Series, Buffalo, N.Y., Prometheus, 1993.

Faraday, Michael et Howard J. Fisher. *Faraday's Experimental Researches in Electricity : Guide to a First Reading*, Santa FE, N.M., Green Lion, 2001.

Faraday, Michael et Thomas Martin. *Faraday's Diary*, Londres, Bell, 1932.

Hamilton, James. *A Life of Discovery : Michael Faraday, Giant of the Scientific Revolution.* New York : Random House, 2004.

Jones, Bence. *The Life and Letters of Faraday*, Londres, Longmans, Green, 1870.

Lehrs, Ernst. *Spiritual Science : Electricity and Michael Faraday*, Londres, Rudolph Steiner Press, 1975.

Russell, Colin Archibald. *Michael Faraday : Physics and Faith*, New York, Oxford University Press, 2000.

Williams, L. Pearce. *Michael Faraday : A Biography*, New York, Da Capo, 1987.

Wooley, Benjamin. *The Bride of Science : Romance, Reason, and Byron's Daughter*, New York, McGraw-Hill, 2000.

Chapitre 7. James Joule.
Comment le monde fonctionne

Baeyer, Hans Christian von. *Maxwell's Demon : Why Warmth Disperses and Time Passes*, New York, Random House, 1999.

Caneva, Kenneth L. *Robert Mayer and the Conservation of Energy*, Princeton, N.J., Princeton University Press, 1993.

Cardwell, Donald S. L. *From Watt to Clausius : The Rise of Thermodynamics in the Early Industrial Age*. Londres, Heinemann, 1971.

—. *James Joule : A Biography*, Manchester, Manchester University Press, 1991.

—. *Wheels, Clocks, and Rockets : A History of Technology*, New York, Norton, 2001.

Carnot, Sadi. *Réflexions sur la puissance motrice du feu*, 1878, Paris, Jacques Gabay, 2000.

Joule, James Prescott, William Scoresby, Lyon Playfair et William Thomson. *The Scientific Papers of James Prescott Joule*. Londres : The Society, 1963 ; paru pour la première fois en 1887.

Lindley, David. *Degrees Kelvin : A Tale of Genius, Invention, and Tragedy*. Washington, D.C. : Joseph Henry Press, 2005.

Locqueneux, Robert. *Histoire de la thermodynamique classique*, Paris, Belin, 2009.

Thompson, Silvanus Phillips. *The Life of Lord Kelvin*. 2e éd. New York : Chelsea, 1977 ; paru pour la première fois en 1910.

Truesdell, Clifford A. *The Tragicomical History of Thermodynamics, 1822-1854*. New York : Springer, 1980.

Chapitre 8. Albert Michelson. Perdu dans l'espace

Livingston, Dorothy Michelson. *Master of Light : A Biography of Albert A. Michelson*, Réimpression. Chicago : University of Chicago Press, 1979.

Mach, Ernst. *Die prinzipien der physikalischen optik : historisch und erkenntnispsychologisch entwickelt*, 1921, traduction anglaise *The Principles of Physical Optics : An Historical and Philosophical Treatment* de John S. Anderson et A. F. A. Young, Londres, Methuen, 1926.

Maxwell, James Clerk. *Matter and Motion*, 1876, New York, Dover, 1952.

Michelson, Albert Abraham. *Experimental Determination of the Velocity of Light*, Minneapolis, Lund, 1964, une reproduction du rapport manuscrit de Michelson sur ses expériences de 1878, commandé par Honeywell, Inc.

—. *Light Waves and Their Uses*, 1903, Chicago, University of Chicago Press, 1961.

—. *Studies in Optics*, 1927, Phoenix Science Series, Chicago, University of Chicago Press, 1962.

Swenson Lloyd S. *Ethereal Aether : A History of the Michelson-Morley Miller Aether-Drift Experiments, 1880-1930*, Austin, University of Texas Press, 1972.

Chapitre 9. Ivan Pavlov. Mesurer l'incommensurable

Babkin, B. P. *Pavlov*, Chicago, University of Chicago Press, 1975.

Berthiaume, François. *Introduction au behaviorisme*, Presses universitaires de Montréal, 1998.

Frolov, Y. P, *Pavlov and His School : The Theory of Conditioned Reflexes*, New York, Johnson Reprint, 1970.

Gray, Jeffrey A. *Ivan Pavlov*, New York, Viking, 1980.

James, William. *The Principles of Psychology*, 1890, New York, Dover.

Pavlov, Ivan Petrovich. *Conditioned Reflexes : An Investigation of the Physiological Activity of the Cerebral Cortex*, 1927, traduit par G. V. Anrep, New York, Dover,.

—. *Lectures on Conditioned Reflexes*, vol. 1, 1923, traduit par W. Horsley Gantt, New York, International, 1928.

—. *Réflexes conditionnels et inhibitions*, trad. de N. et G. Griouroff, Paris, Gonthier, 1963.

Sechenov, Ivan. *Reflexes of the Brain*, Cambridge, Mass., MIT Press, 1965.

Todes, Daniel Philip. *Ivan Pavlov : Exploring the Animal Machine*, New York, Oxford University Press, 2000.

—. *Pavlov's Physiology Factory : Experiment, Interpretation, Laboratory Enterprise*, Baltimore, Johns Hopkins University Press, 2002.

Chapitre 10. Robert Millikan. En Zone frontalière

Goodstein, Judith R. *Millikan's School : A History of the California Institute of Technology*. New York : Norton, 1991.

Holton, Gerlad James. *L'invention scientifique*, trad. de l'anglais par Jean-François Roberts, Paris, PUF, 1982.

Millikan, Robert Andrew. *Autobiography*, Londres, Macdonald, 1951.

—. *The Electron : Its Isolation and Measurement and the Determination of Some of Its Properties*, Chicago, University of Chicago Press, 1924.

—. *Evolution in Science and Religion*, New Haven, Yale University Press, 1927.

—. *Science and Life*, Boston, Pilgrim, 1924.

Thomson, Joseph John. *Recollections and Reflections*, New York, Macmillan, 1937.

Weinberg, Steven. *The Discovery of Subatomic Particles*, New York, Freeman, 1990.

Crédits photographiques

p. 24. Florence, Biblioteca Nazionale Centrale. Carnets de Galilée, fol. 107v, vol. 72.

p. 31. Florence, Istituto e Museo di Storia della Scienza.

p. 37. Jacopo Filipo Tomasini, *Gymnasium Patavinum*, Udine, Nicolas Schiratt, 1654.

p. 41. Henry Gray, *Anatomy of the Human Body*, 20e éd., Philadelphie, Lea & Febiger, 1918.

p. 51. Fitzwilliam Museum, Cambridge. En 2005, quand l'auteur a pu admirer le tableau, il avait été déplacé dans un escalier de la bibliothèque du Trinity College.

p. 54. Robert Hooke, *Micrographia*, 1665, schéma XII, entre les p. 124 et 125.

p. 58. Cambridge University Library, MS ADD, 3975, p. 15.

p. 60. Correspondance de Newton, Warden and Fellows, New College, Oxford, Ms 361, vol. 2, fol. 45.

p. 67. Bridgeman Art Library.

p. 73. Gravure de Arents d'après un pastel d'un artiste inconnu. Edouard Grimaux, *Lavoisier, 1743-1794, D'après sa correspondance, ses manuscrits, ses papiers de famille et d'autre documents inédits* Paris, Alcan, 3e éd., 1899.

p. 74. Lavoisier, *Mémoires de Chimie*, Paris, 1805.

p. 77. Lavoisier, *Traité élémentaire de chimie*, Paris, 1789.

p. 85. Jean-Antoine Nollet, *Lettres sur l'électricité III*, 1767.

p. 87 haut. Jean-Antoine Nollet, *Essai sur l'électricité des corps*, 1750.

p. 87 bas. Benjamin Franklin, *Experiments and Observations on Electricity*, Londres, E. Cave, St John's Gate, 1751.

p. 95. Marc Sirol, *Galvani et le galvanisme. L'électricité animale*, Paris, Vigot Frères, 1939.

p. 97. Alessandro Volta, *On the Electricity Excited By the Mere Contact of Conducting Substances of Different Kinds. In a Letter From Alexander Volta to Sir Joseph Banks, Bart,* 1800.

p. 101. Projet Gutenberg Archives.

p. 103. Dessin de A.E. Chaton R.A, gravure de W. H. Mote.

p. 105. Michael Faraday, *Forces of Matter*, 1868, p. 85.

p. 106. Journal de Faraday, 3 sept. 1821, p. 50.

p. 107. Journal de Faraday, 29 août 1831, p. 367.

p. 111. D'après *Scientific American,* juillet 1955.

p. 113. *Faraday's Diary*, vol. 4, p. 264.

p. 117. Robert Andrews Millikan et Henry Gordon Gale, *Practical Physics*, 1920 (1re éd ; 1913).

p. 123. Robert H. Thurston, *A History of the Growth of the Steam-Engine*, 1920 (1re éd ; 1878).

p. 124. Robert Andrews Millikan et Henry Gordon Gale, *Practical Physics*, 1920 (1re éd ; 1913).

p. 127. *Scientific Papers*, vol. 1, p. 17.

p. 129. *Ibid.*, p. 125.

p. 131. *Ibid.*, p. 150.

p. 132. *Ibid.*, p. planche II de « Mechanical Equivalent of Heat ».

p. 139 haut. Roëmer, « A Demonstration Concerning the Motin of Light », 1878.

p. 139 bas. Ernst Mach, 1921.

p. 140. Michelson, *Experimental Determination of the Velocity of Light.*

p. 141. *Ibid.*

p. 144. Thomas Young, *Course of Lectures on Natural Philosophy and the Mechanical Arts*, 1807.

p. 147. Michelson, *On the Relative Motion of the Earth and the Luminferous Aether*, 1887.

p. 151. *Ibid.*

p. 155. Institute of Experimental Medicine, Saint-Pétersbourg.

p. 161. *Niva 7*, 1891, p. 156-157.

p. 165. William James, *The Principles of Psychology*, 1890, p. 25.

p. 167. Ivan Pavlov, 1923, p. 27.

p. 171. Tim Dully, « Pavlov's Dogs », *Current Biology* 13, n° 4, r118.

p. 173. Institute of Experimental Medicine, Saint-Pétersbourg.

p. 178. Photo de P. Spies, *McClures's Magazine*, avril 1896, p. 404.

p. 180. Crookes, « On Radiant Matter », *Nature*, vol. 20, 28 août 1879, p. 419-423.

p. 182. Thomson, « Cathode Rays », *Philosophical Magazine* 44, n° 293, p. 293-316.

p. 186. Wilson, « On an Expansion Apparatus for making Visible the Tracks of Ionising Particles in Gases and Some Results obtained by its Use », *Proceedings of the Royal Society of London* (series A) 87, 1912, n° 595, p. 277-292.

p. 189. Millikan, « The Isolation of an Ion, a Precision Measurement of its Charge, and the Corrections of Stoke's Law », *Physical Review* (series I) 32, 1911.

p. 190. Millkan, « On the Elementary Electrical Charge and the Avogadro Constant », *Physical Review* (series I) 32, 1911.

Remerciements

Je ne sais pas comment j'aurais pu écrire ce livre sans toutes les bonnes bibliothèques qui m'entourent. Tout d'abord la superbe bibliothèque Meem, située en haut d'une colline, au St. John's College, conçue par l'architecte du sud-ouest John Gaw Meem et remplie de classiques d'histoire des sciences, de l'*Almageste* de Ptolémée à *The Electron (L'électron)* de Millikan. Je pus même trouver une édition en fac-similé des notes manuscrites d'Albert Michelson prises lorsqu'il mesura la vitesse de la lumière en 1878. La bibliothèque publique de Santa Fe située dans le centre-ville est également exceptionnelle (sa salle de lecture est un autre trésor architectural) et ses bibliographes m'ont aidé à effectuer de nombreux prêts interbibliothèques. Le plus long trajet que j'eus à faire depuis Santa Fe fut de me rendre à l'université du Nouveau-Mexique à Albuquerque, où les revues reliées sont encore en libre accès et ne sont pas reléguées à la prison du microfilm.

Dès le début, l'enthousiasme du président de St. John's, John Balkcom, fut une source d'inspiration. Je remercie également Hans von Briesen, l'ancien directeur du laboratoire de l'école, à qui je dois mon premier contact avec les expériences de Thomson et Millikan ainsi que William Donahue, Peter Pesic et Ned Walpin, des professeurs qui ont fait de judicieux commentaires sur mon manuscrit. Je suis reconnaissant à Owen Gingerich et Gerald Holton de Harvard et John Heilbron de Berkeley pour leurs conseils. Daniel Todes de John Hopkins fit de nombreuses observations utiles à propos de Pavlov, tout comme Roald Hoffmann de Cornell sur Lavoisier.

Comme toujours, mes remerciements vont à mes amis qui se sont portés volontaires pour être mes premiers lecteurs : Patrick Coffey, Louisa Gilder, Bonnie Lee La Madeleine, David Padwa et Ursula Pavlish. Une relecture méticuleuse de Cormac McCarthy me poussa à effacer des points-virgules et virgules inutiles (dont quelques-uns se sont réintroduits subrepticement). Lors de l'étape finale, le livre fut grandement amélioré grâce au regard aiguisé, à l'érudition et au bon sens de Mara Vatz ainsi qu'au talent artistique d'Alison Kent.

C'est le sixième livre que j'ai la chance de faire avec Jon Segal de Knopf et le troisième avec Will Sulkin de Jonathan and Bodley Head. Leurs conseils et encouragements ont été très précieux tout comme ceux de mon agent, Esther Newberg qui m'accompagna dès le début. Chez Knopf je voudrais également remercier l'assistant éditorial Kyle McCarthy, la graphiste Virginia Tan, la chef de rédaction Lydia Buechler et la directrice de la production Kathleen Fridella pour leurs compétences et leur patience qui ont permis de transformer un manuscrit en livre.

IMPRIM'VERT

Achevé d'imprimer en février 2010 par EMD S.A.S. (France)
N° d'imprimeur : 22792 - Dépôt légal : février 2010